趣味生物体验书

Interesting Biological Experience book

沈　昉◎主编

中国纺织出版社
国家一级出版社　全国百佳图书出版单位

内 容 提 要

本书精选了165个充满趣味性的生物小实验，以图文并茂的形式引导中小学生一步步走进充满活力、富有魅力的生物世界。书中内容包括：植物家族里的新鲜事儿、动物世界的奇异现象、体验奇妙的身体旅程、探寻微生物的秘密。

本书主要适合中小学生阅读使用，既可作为家庭亲子读物，也可作为课后辅导用书。

图书在版编目（CIP）数据

趣味生物体验书／沈昉主编. --北京：中国纺织出版社，2017.7（2022.8 重印）
ISBN 978-7-5180-3363-8

Ⅰ.①趣… Ⅱ.①沈… Ⅲ.①生物—青少年读物 Ⅳ.①Q-49

中国版本图书馆CIP数据核字（2017）第046849号

责任编辑：赵晓红　　特约编辑：付　晶　　责任印制：储志伟

中国纺织出版社出版发行
地址：北京市朝阳区百子湾东里A407号楼　邮政编码：100124
销售电话：010—67004422　传真：010—87155801
http：//www.c-textilep.com
E-mail：faxing@c-textilep.com
中国纺织出版社天猫旗舰店
官方微博http://weibo.com/2119887771
佳兴达印刷（天津）有限公司印刷　各地新华书店经销
2017年7月第1版　2022 年 8 月第 3 次印刷
开本：710 × 1000　1/16　印张：12
字数：142千字　定价：32.00 元

前言

兴趣是探索之门，体验是收获之锁，做任何事，有兴趣才能做好。我们这套书就像是打开探索科学的钥匙，向小朋友们循序渐进地讲解科学知识，在阅读过程中可以寻求爸爸妈妈、老师和同学的帮助，可以一起玩、一起做、一起学，让小朋友的课外生活变得更加丰富多彩。

本书内容包括植物家族里的新鲜事儿、动物世界的奇异现象、体验奇妙的身体旅程、探寻微生物的秘密，每一项实验都有“准备工作”“实验方法”“探寻原理”三个模块。在各章的内容方面，我们侧重选取可操作性强、易于实现的实验来写，实验中的材料、工具都是源于生活，大家常见的生活物品。我们还特别设置了“难易指数”这一项，小朋友可以依此选择是否需要爸爸妈妈的帮助。当小朋友们看到这些与日常生活息息相关却又极不寻常的生物现象时，所激发出的探究欲望是家长无法想象的，这对于开发孩子的认知能力是非常必要的。这种动手实验的形式使枯燥的文字阅读变成了一次美妙的探索，神秘的科学知识变得可观、可感、可做，更容易吸引孩子们的注意力，激发他们学习科学知识的兴趣。

需要注意的是，本书中部分实验存在一定的危险性，大家一定要注意安全，按照步骤规范进行。由于编者水平有限，书中不足之处在所难免，诚恳期待广大读者批评指正。

编　者

2016 年 10 月

目录

第一章
植物家庭里的新鲜事儿

1.认识植物种子的结构

难易指数：★★☆☆☆

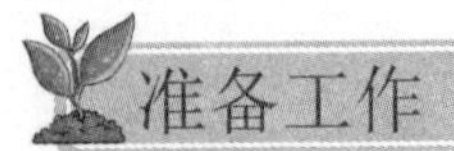

准备工作

若干粒大豆，一只广口瓶，一张纸巾，水。

实验方法

（1）观察干燥大豆上的珠孔、种脐、种皮等部位。

（2）把大豆全部放进瓶子里，再倒入水直至完全浸没大豆。

（3）把瓶子放进冰箱里。

（4）过一晚，把瓶中的大豆取出，放在纸巾上，用纸巾吸干大豆外侧的水分。

（5）小心地把豆皮剥掉。然后用手指轻轻地将大豆从中间剥开。

（6）你会看到大豆已经生出了豆芽。如果没有发出来，可以再重新拿几粒大豆看看。

豆类种子的内部结构包括种皮、子叶、珠孔、种脐、胚芽、胚轴和胚根，其功能如下：

（1）种皮——种子外面的革质部分，能保护种子。其颜色因品种不同而异。

（2）子叶——两片肥厚的豆瓣。它能为胚和幼苗的生长提供养料。

（3）珠孔——种脐一端的小孔。当种子萌发时，胚根首先从种孔中伸出并突破种皮，所以也叫发芽孔。

（4）种脐——在种子稍凹的一侧，有一条状疤痕，它是种子成熟时与果实脱离后留下的痕迹。豆子和豆荚在此连接。

（5）胚芽——在胚轴上端的芽状物，将来会成为叶。

（6）胚轴——发育后成为茎。

（7）胚根——在胚轴的下端，看起来是圆锥形，发育后成为植物的主根。

这么多的种子，如果把它们播种到地里，会收获好多的大豆，好开心啊！

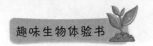

2.不会发芽的种子

难易指数：★★☆☆☆

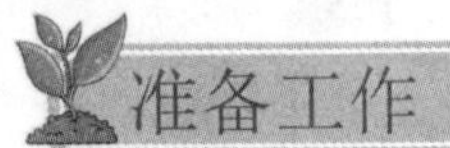

准备工作

几粒绿豆，一片苹果，一个透明塑料袋，一个托盘，一块脱脂棉。

实验方法

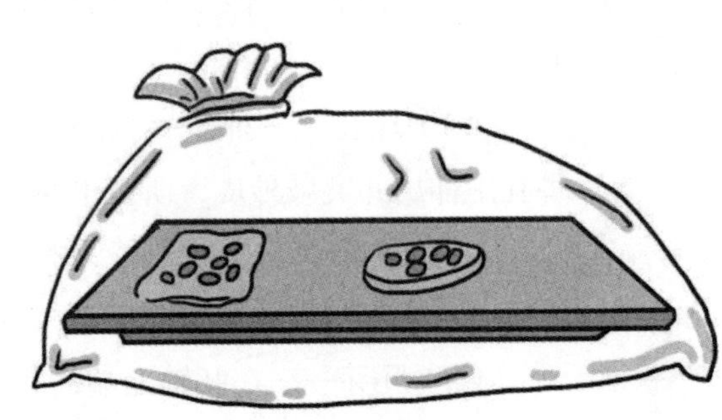

（1）在托盘上铺一小块脱脂棉，在上面浇一些水，同时把一片苹果切面朝上放在托盘上。

（2）在脱脂棉和苹果片上均匀地撒几粒绿豆。

（3）用透明塑料袋套住托盘，放到阳光充足的地方。

（4）几天后，你会发现，脱脂棉上的绿豆发芽了，而苹果片上的绿豆却没有发芽。

探寻原理

脱脂棉上的绿豆具备发芽的条件，才会发芽。而苹果的果肉中含有果酸，果酸会阻止种子发芽。因此，只有当苹果果肉完全腐烂之后，这时果肉中的果酸会失去作用，种子才能具备发芽的条件。

3.会呼吸的种子

难易指数：★★★☆☆

一个大玻璃瓶，一个小玻璃瓶，一些大豆，烧碱溶液，一块软木塞，一根弯曲的透明塑料管，凡士林，一个打孔器，一个水杯，一瓶红墨水。

实验方法

（1）在大玻璃瓶里装全瓶容积1/3量的干燥大豆。在种子的上面放一个开口的小玻璃瓶，在小玻璃瓶里装点烧碱溶液，并且将小玻璃瓶全部装在大玻璃瓶中。

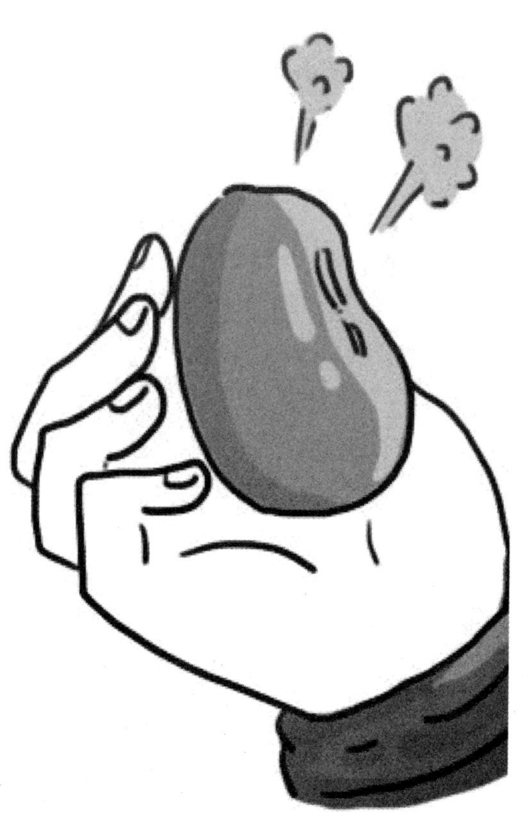

（2）把大玻璃瓶瓶口用软木塞塞住，并在塞子上打1个孔，装上一根弯曲的透明塑料管。

（3）在瓶塞与瓶口之间，以及玻璃管与塞孔口接触处都抹上凡士林，以免漏气。

（4）把塑料管的另一端插入水杯里，再往水里滴上几滴红墨水。装好后不要动它。

（5）几天后，你会发现红色的水沿着玻璃管不断上升。

探寻原理

红色的水沿着玻璃管不断上升，是因为玻璃瓶中的种子在呼吸。实验中，大玻璃瓶中的种子呼吸吸收了瓶内空气中的氧气，放出了二氧化碳。但是，小玻璃瓶中的烧碱溶液吸收了种子呼出的二氧化碳，以致整个大玻璃瓶中的空气密度变小，空气压力降低了。这样大瓶内的气压比外界的气压小，水管中的水就会沿着玻璃管上升了。

种子的呼吸与种子生命力息息相关。干燥的种子呼吸是很微弱的，通常情况下生命力较持久；而潮湿的种子呼吸较旺盛，容易失去生命力。

4.没有种子也能发芽的生姜

难易指数：★★☆☆☆

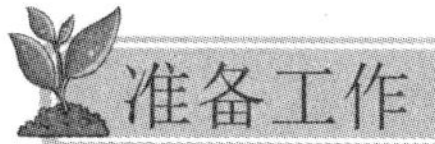

准备工作

一块生姜，一个浅盆子，一把菜刀，一些细沙，一些清水。

实验方法

（1）往盆子里装一些细沙，然后往沙中撒一些水，使沙子充分湿润。

（2）用菜刀把生姜切掉一小块，然后把生姜切口朝下插进沙里。

（3）把盆子移置到阳光照射得到的地方。

（4）接下来的几天，坚持往盆中浇水，始终让盆中的沙子保持潮湿的状态。

（5）一个星期后，观察生姜有什么变化。你会发现，生姜头会冒出绿色的嫩茎和嫩叶，并开始生长。

探寻原理

被切下来的生姜包括了一部分的茎和根，生姜的根里储藏着很多的养分，并含有生姜生长所需的物质。只要有水，生姜的头部就会冒出茎来，再慢慢地萌发出叶子，像正常的生姜那样成长。

5.能撬开石膏的种子

难易指数：★★★☆☆

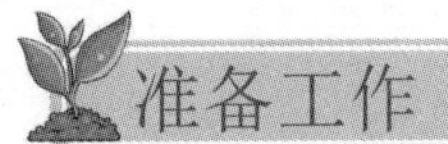

准备工作

几粒干豌豆，一个香烟盒，一些石膏，一个盘子，一些清水。

实验方法

（1）把石膏装进香烟盒中。

（2）在石膏中埋入几粒干豌豆。

（3）让石膏块硬化。

（4）在盘子中倒入一些水。

（5）把硬化了的石膏放在盘子上。不一会儿，石膏就崩裂成两半。

探寻原理

当石膏被放置到盛水的盘子中时，水会穿透有孔隙的石膏块，然后逐渐渗入豌豆的细胞壁，在细胞中增加压力，最后使石膏块迸裂。所以实验中石膏会崩裂成两半是因为豌豆渗透压力的作用。

6.黄豆的力量好强大

难易指数：★★★☆☆

准备工作

一些干黄豆，一个带瓶塞的薄壁玻璃瓶，一些清水。

实验方法

（1）在玻璃瓶中装入全瓶容积3/4量的干黄豆。

（2）往玻璃瓶中加满清水，并塞紧瓶塞。

（3）一段时间过后，瓶中的水被干黄豆吸干了，然后拔出塞子继续加满水，再把塞子塞紧。

（4）如此反复几次，几天之后，玻璃瓶突然破裂了，豆子滚落一地。

探寻原理

豆子吸水后体积会膨胀起来，并产生强大的压力，这个压力就是玻璃瓶破裂的原因。植物的许多组织在未被水饱和时都具有很强的吸水能力。例如风干的种子，种子里有大量蛋白质或淀粉，蛋白质与水结合的趋势大于淀粉，因此豆类种子吸胀作用极为明显。吸胀物体由于吸附了水而膨胀，其压力是很大的，所以一些在岩石裂缝中的种子，在吸水产生吸胀压力后，能使岩石破裂。

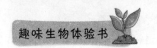

7.哪个瓶子里的黄豆会发芽

难易指数：★★★☆☆

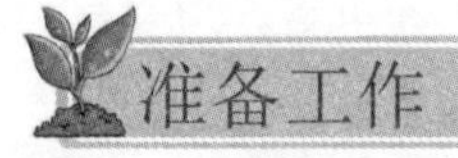

准备工作

一些干黄豆，塑料薄膜，一个碗，三个广口瓶，纸巾，毛巾，清水。

实验方法

（1）在碗里放入清水和干黄豆，让干黄豆在水中浸泡24个小时。

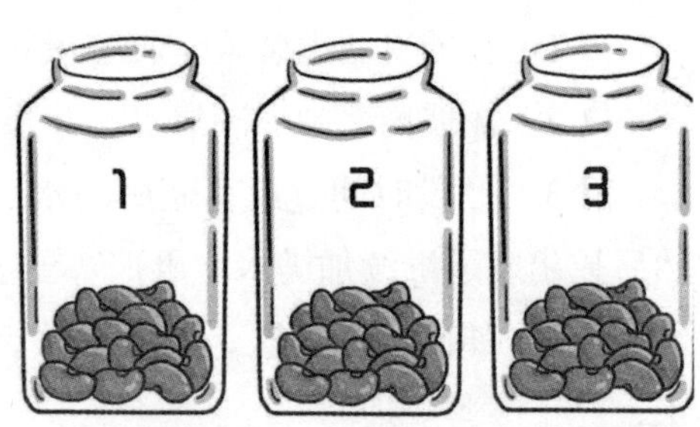

（2）给三个广口瓶标上1、2、3的标记，然后在瓶底都铺上纸巾。

（3）1号瓶的纸巾保持干燥，2号瓶则倒入半瓶水，3号瓶的纸巾上洒些水使之变得湿润。

（4）捞出浸在碗里的黄豆，放在毛巾上稍稍擦干后平均分成三份，分别放入三个广口瓶里，然后用塑料薄膜封住，再把瓶子放到有阳光的地方。

（5）几天后，3号瓶中的黄豆发芽了，而1、2号瓶中的黄豆始终没有变化。

探寻原理

虽然三个瓶子都能晒到太阳，但是1号瓶中的黄豆缺失水分，2号瓶中的黄豆缺少空气，而黄豆发芽需要有空气、水和适宜的温度，只有同时满足这三个条件，黄豆才能发芽。实验中3号瓶同时具备了这三个条件，所以瓶中的黄豆才会发芽。

8.能穿透蛋壳的根

难易指数：★★☆☆☆

准备工作

凤仙花种子，一只玻璃杯，泥土，水，半个鸭蛋壳。

实验方法

（1）把凤仙花种子放在玻璃杯里，往玻璃杯里加入适量的水，让种子在水中浸泡一段时间。

（2）往鸭蛋壳里加入一些泥土，然后把浸泡过的凤仙花的种子埋到泥土里，并浇上一些水。

（3）倒掉玻璃杯中的水，然后把蛋壳放进杯里，再把玻璃杯放在阳光充足的地方，适当浇水使蛋壳内的泥土保持湿润。

（4）几天后，把蛋壳从杯子中取出来，你会发现蛋壳下面长出了细细的根。

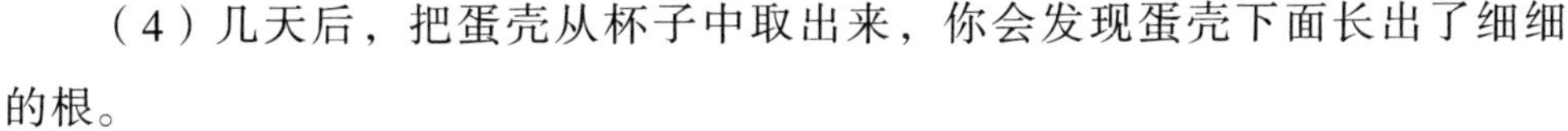

探寻原理

湿润的土壤、足够的空气和适宜的温度，满足这三个条件才能让凤仙花的种子发芽并生出根来。因为植物根的生长具有向地性，所以根会始终朝着地面生长，穿过泥土后最终从薄薄的蛋壳中穿了出来。

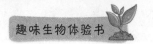

9.自制“萝卜吊兰”

难易指数：★★★☆☆

准备工作

大蒜头，一个绿皮萝卜，一根长细绳，一把水果刀。

实验方法

(1)将绿皮萝卜从中间切成两半，然后用水果刀把头部一段的中心挖空，制成一个碗状。

(2)将大蒜头放在挖好的“萝卜碗”里，并使它的根部朝下。

(3)用长细绳做个圈，然后套在萝卜上，把它挂起来后再往里面加点水。

(4)几天后，这个“吊兰”开始长出叶子。

(5)再过一阵儿，繁茂的叶子就会把“萝卜碗”包围起来，大蒜的叶子长长的，家里炒菜时就可以拔两根用。

探寻原理

在萝卜的根和大蒜的茎里都贮藏着大量的营养物质，在有充足的水分和阳光照射的条件下，它们才能很好地进行光合作用，实验中，满足了这些生长条件，这个“吊兰”就会健康成长。

10.芹菜茎怎么裂开了

难易指数：★☆☆☆☆

准备工作

一小段新鲜的芹菜茎，一个碗，一些清水。

实验方法

（1）在碗中装一些水。

（2）把芹菜茎放在碗里，使它浸没在水中。

（3）静置一天后，观察芹菜茎的形状。你会看到，芹菜茎的两端呈弯曲状地裂开了。

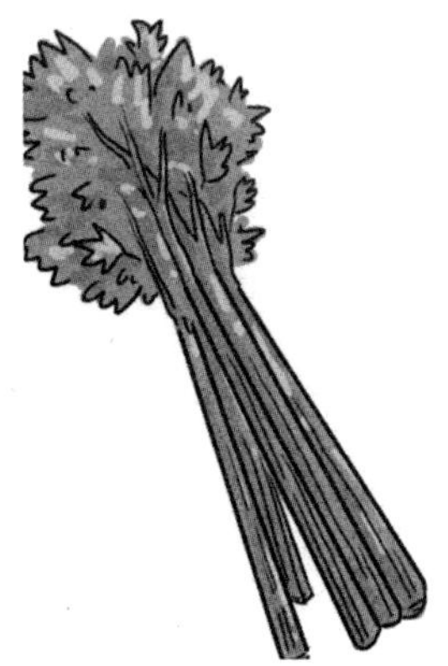

探寻原理

芹菜茎中有许多长长的管状细胞，这些细胞吸水效率不一样。芹菜茎的两端会吸收较多的水，导致膨压变大，芹菜就会裂开，并且两端会弯曲。而芹菜茎中部的细胞吸水较少，膨压也相应较少，所以就不会裂开。这里，膨压是指植物细胞因吸水体积膨胀而产生的对细胞壁的压力。

11.叶子的气孔在哪里

难易指数：★★☆☆☆

准备工作

一株盆栽观叶植物，一瓶凡士林。

实验方法

（1）在盆栽植物上选择3片健康的叶子，并在叶子的正面涂上一层厚厚的凡士林。

（2）再选择3片健康的叶子，在它们的背面涂上一层厚厚的凡士林。

（3）涂完凡士林后每天观察一次盆栽，连续观察一个星期后，你会发现，背面涂有凡士林的叶子会枯萎，而正面涂有凡士林的叶子却没有什么变化。

探寻原理

从实验中，我们得知叶子的气孔在叶子背面，二氧化碳和氧气就是从这些气孔里进出的。当叶子的背面涂上了凡士林以后，气孔会被堵住，这时叶子进行光合作用所需要的二氧化碳就无法进入叶子里；同时，堆积在叶子里的氧气也无法排出去，于是叶子就枯萎了。而叶子的正面没有气孔，因此在叶子的正面涂上凡士林对叶子的生长基本上没有影响。

12.叶子也能当导管

难易指数：★★★☆☆

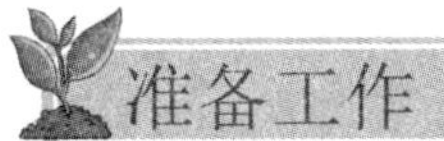

准备工作

一枝带叶和茎的常春藤，一个窄口玻璃瓶，一块橡皮泥，一根吸管，一支铅笔，一面镜子。

实验方法

（1）在玻璃瓶中装一些水，使水面离瓶口大约2.5厘米。

（2）将常春藤靠近叶片部分的茎用橡皮泥包起来，然后插入瓶子里。并使茎的底部泡在水面下。

（3）把瓶口用粘着茎的橡皮泥紧紧封住。然后用铅笔在橡皮泥上钻一个吸管刚好能插进去的洞，吸管的末端不要碰到水。将吸管周围的橡皮泥压紧压实，使瓶口密封起来。

（4）在玻璃瓶的前面放一面镜子，调整镜子的角度，直到能看到玻璃瓶的上半部分。一边看着镜子，一边用吸管将瓶子里的空气吸出来。你会在镜子里看到，瓶子里茎的底部有气泡冒出来。

探寻原理

植物的叶片上有许多小洞一样的气孔。植物的木质部里都有导管，并且都是顺着茎的方向延伸的。当你用吸管把瓶子里的空气往外吸的时候，叶片上的小孔也会从外面吸入更多的空气，然后通过茎的木质部里的导管，进入水中，就会变成气泡冒出来。

13.叶子里的淀粉

难易指数：★☆☆☆☆

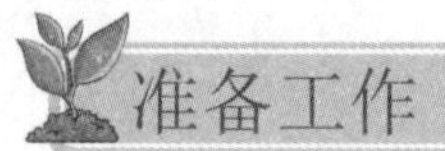

准备工作

一片淡绿色新鲜树叶，一个500毫升的带盖广口玻璃瓶，一瓶碘酒，一瓶外用酒精，一根滴管，一个250毫升的量杯，一个浅盘，一张纸巾。

实验方法

（1）将叶子放进广口瓶中。

（2）在广口瓶中倒入1量杯的酒精，然后盖上盖子静置。

（3）静置一天后，将叶子取出。

（4）用纸巾将叶子上面的酒精轻轻擦拭并吸掉，然后把叶子放在浅盘中。

（5）用吸管吸取碘酒，滴几滴到叶子上，你会发现，叶子上出现了暗色块。

探寻原理

植物在光合作用中会产生淀粉。在这个实验中，把叶子先放入酒精内浸泡，是为了去除覆盖在叶子表面的蜡状物质和部分叶绿素，以便让淀粉露出来。而当碘酒和叶子中的淀粉颗粒相结合时，就会形成暗紫色或黑色的物质。

14.在叶子上作画

难易指数：★☆☆☆☆

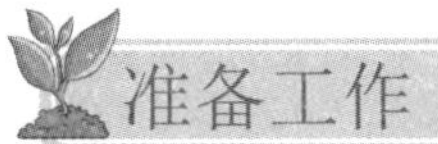

一棵长着大叶子的植物，一卷不透明宽胶带。

（1）在不透明宽胶带里剪出几个椭圆形。

（2）然后在植物的几片叶子上贴上剪好的椭圆形的胶带。

（3）一个星期后，小心地撕下叶子上的胶带。

（4）结果你会发现，被胶带盖住的叶面部分的绿色变浅了。

植物在阳光下会进行光合作用，从而生成自身生长所需要的养分，而叶绿素是植物不可缺少的。在没有阳光的地方，植物中的叶绿素就会因无法补充而被消耗殆尽，于是植物的叶片就会变浅。如果长期没有阳光照射，植物最终就会枯死。

15.植物的光合作用

难易指数：★★☆☆☆

准备工作

两个塑料袋，两根橡皮筋，两个广口玻璃瓶，两只蚂蚱，一块长有植物的泥土块，一块未长有植物的泥土块。

实验方法

（1）在两个广口玻璃瓶中分别放入长有植物的泥土块和未长有植物的泥土块。

（2）再把两只蚂蚱分别放进两个瓶子里面。

（3）在两个瓶子的瓶口用塑料袋盖上，并用橡皮筋扎紧。

（4）在有阳光的地方把两个瓶子放置一段时间，你会发现，有植物的瓶子里的蚂蚱还比较活泼好动，而另外瓶子里的蚂蚱已经奄奄一息。

探寻原理

植物在有阳光的环境中会进行光合作用，从而吸收二氧化碳，释放出氧气。而蚂蚱要想生存就要呼吸，吸入氧气，呼出二氧化碳，所以在有植物的瓶子里的蚂蚱就会活得更久一些。

16.塑料袋里的小水滴

难易指数：★★☆☆☆

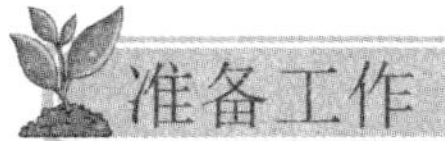

准备工作

一个透明塑料袋，一盆绿色植物，一根细线，水。

实验方法

（1）在绿色植物上选取一处小枝叶，然后用透明塑料袋把它罩住，再用细线把袋子口扎紧。

（2）往花盆里面浇一些水。

（3）把花盆移到阳光充足的地方，放置一段时间。

（4）一段时间后，你会发现叶子上出现了水滴并流到了塑料袋子上。看起来好像塑料袋里下雨了。

探寻原理

绿色植物会进行蒸腾作用，蒸腾作用是指植物把吸收的水分通过叶片上的气孔以水蒸气的状态向外散发的过程。由于被套在塑料袋里的叶子水分无法向外散发，于是这些水分在温度降低后慢慢凝聚在一起，以小水滴的形态留在了塑料袋里面。

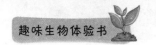

17.扁豆的生长方向

难易指数：★★☆☆☆

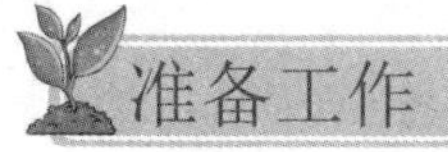

准备工作

四粒扁豆，一卷胶带纸，一个玻璃杯，一支笔，一些纸巾。

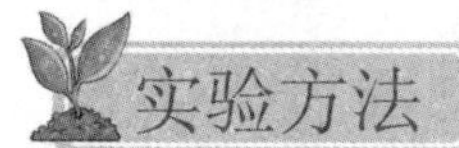

实验方法

（1）把几张纸巾叠在一起然后卷成圆筒形，再贴着玻璃杯的内壁放入。

（2）将几张纸巾揉成团塞在玻璃杯内，使前面放下去的纸巾紧贴着玻璃杯。

（3）在玻璃杯的外侧贴上1圈胶带纸，并在胶带纸上标出表示上、下、左、右这4个方向的箭头。

（4）在杯子内每个箭头的下方分别放1粒扁豆，每粒扁豆的种脐都朝向箭头所指的方向。

（5）在杯中的纸巾上洒少量的水，稍微湿润纸巾即可。

（6）使纸巾一直保持潮湿状态，一个星期后，你会发现，四粒扁豆虽然放置的方向不同，但是长出来的根都是向下生长的，而茎都是向上生长。

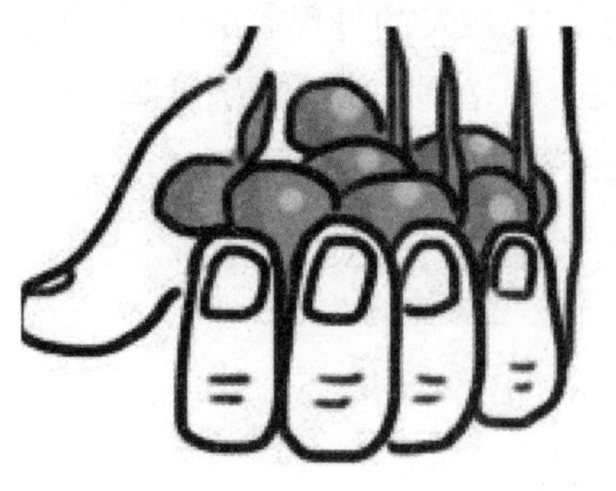

探寻原理

植物不同器官受植物生长素浓度的影响是不一样的。根对生长素浓度的反应敏感，而茎对生长素浓度的反应敏感性相对较差。对于茎来说，靠近地面一侧生长素的浓度较高，细胞生长较快，而远离地面的一侧，生长素的浓度较低，细胞生长较慢。于是茎就会背着地面向上弯曲。但是对于根来说，由于它对生长素的反应比较敏感，较高浓度的生长素会抑制根的生长，所以当靠近地面一侧生长素的浓度较高时，细胞的生长受到抑制，而远离地面的一侧，却由于生长素的浓度较低而使细胞的生长加速。这样一来，根就向下弯曲，表现出正向重力性。

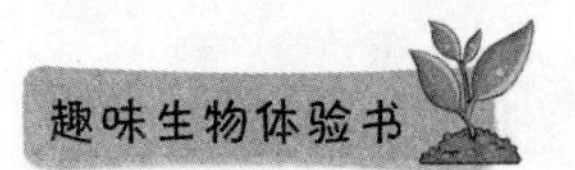

18.逆时针生长的牵牛花

难易指数：★★★☆☆

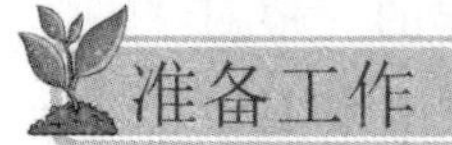

准备工作

一个玻璃杯，一些牵牛花种子，四支铅笔，一卷胶带纸，几张纸巾。

实验方法

（1）把纸巾卷成筒状贴着杯子内壁放进去，再拿一些纸巾揉成团塞到杯底。

（2）把一些牵牛花种子放进杯中，再洒入适量的水，使纸巾保持湿润状态。

（3）用胶带纸把四支铅笔分别固定在玻璃杯外侧，铅笔的位置要比杯里牵牛花种子的位置高一些。

（4）静置一个星期。注意要让杯里的纸巾一直保持潮湿状态。

（5）在这个过程中，如果在外面有机会看到缠绕植物，可以观察一下它的缠绕方向。

（6）牵牛花苗的茎会绕着铅笔按逆时针方向上升。如果没有看到缠绕的现象，过几天再来观察。

探寻原理

有些植物的茎本身细长而柔软，所以它们无法直立起来，只能缠绕在其他物体上向上生长，这种茎就叫作缠绕茎。这些植物的茎在接触支持物时，茎的一面生长较慢，而它的对面却生长较快，所以它们就会螺旋式地缠绕在支持物上，这就是植物缠绕的原因。

除了牵牛花，还有哪些植物也具有这种特性呢？

我们一起来找找看吧！

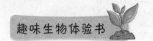

19.制作叶脉书签

难易指数：★★★★★

准备工作

一片树叶，水，一个烧杯，一个酒精灯，一块塑料板，一块石棉网，一个铁架台，一把小刷子，10%的氢氧化钠溶液。

实验方法

（1）在树上选取一片外形完整、叶脉清晰、粗壮且纹路较多的树叶。

（2）用水将树叶刷洗干净，再浸泡在10%的氢氧化钠溶液中进行加温煮沸。当树叶由绿变黄后，取出树叶，用清水洗净上面的碱液。

（3）将树叶平放在塑料板上，用小刷子仔细并慢慢地刷去树叶的叶肉。

（4）刷完之后，树叶只剩下了叶脉，然后把叶脉放入水中清洗。稍稍晾干后夹在书中压平，几天后，树脉书签就成形了。

探寻原理

树叶的叶脉是由粗的维管束及导管构成的。而氢氧化钠具有很强的腐蚀性，树叶浸泡在煮沸的氢氧化钠溶液中后，叶肉部分会被完全破坏，但叶脉不会受到多大的影响，所以用刷子刷掉叶肉后，叶脉就被完整地分离出来了。

20.会吐泡泡的植物

难易指数：★★☆☆☆

一些带叶的水生植物枝条，一个盆，一个透明的玻璃瓶或花瓶，一些清水，一张卡片。

（1）把水注满整个盆。

（2）把枝条放进玻璃瓶后，再把玻璃瓶装满水。

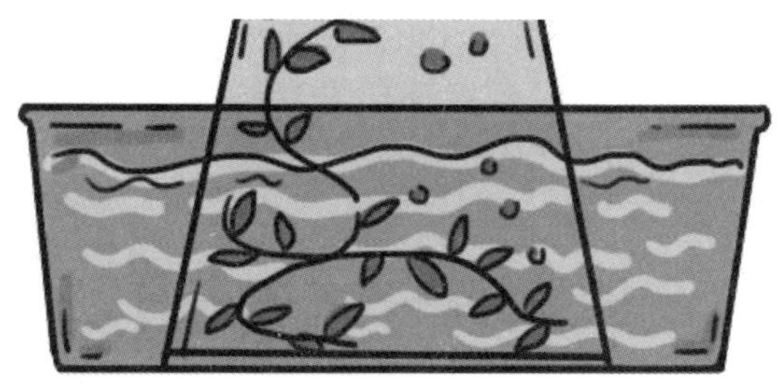

（3）拿卡片完全盖住玻璃瓶口，然后用手按住卡片，小心翼翼地把瓶倒置过来。

（4）把倒置的瓶子放进盆中，然后把盆移至有太阳照射的地方，最后小心地移开卡片。

水生植物跟地面上的植物一样，在阳光下也会进行光合作用，并释放出氧气。虽然氧气是无形的，但是我们可以看到叶子在水下释放出它们。

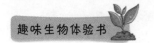

21.会走迷宫的黄豆苗

难易指数：★★★★☆

准备工作

三粒黄豆，一只有盖子的鞋盒，一个纸杯子，一些培用土，一把剪刀，一张厚纸板，一卷胶带纸。

实验方法

（1）用培用土装满纸杯。

（2）把黄豆种在纸杯的培用土里，并给泥土浇水，等待种子发芽。

（3）剪下两张厚纸片，纸片的大小要可以放入鞋盒。

（4）用胶带纸把厚纸片粘在鞋盒子里做成一个迷宫的样子。

（5）在盒盖的一端用剪刀钻1个洞。

（6）当黄豆芽钻出土后，将纸杯子放在纸盒子里的一端。再把鞋盒盖盖上，使盖子上的洞在纸杯子相反的一侧。

（7）每天打开鞋盒盖，观察黄豆芽的生长情况，并且时常浇水保持泥土湿润。过几天你就会看到，黄豆的茎会在盒子里绕过厚纸片弯曲生长，最后会从鞋盒盖上的洞里伸出来。

探寻原理

植物所具有的“趋光性”，会使它们朝着有光的方向生长。在植物茎的背光一侧，植物生长素浓度较高，使得这一侧生长得较快，所以茎就会朝着有光的方向弯曲。

向日葵是趋光性十分明显的植物。向日葵的茎部含有一种奇妙的植物生长素。这种生长素非常怕光，一遇光线照射，它就会到背光的一面去，同时它还刺激背光一面的细胞迅速繁殖，所以，背光的一面就比向光的一面生长得快，使向日葵产生了向光性弯曲。

22.阴暗中的小葱

难易指数：★★☆☆☆

准备工作

三根葱，一些泥土，一些水，一个玻璃杯，一把尺子，一支水性笔。

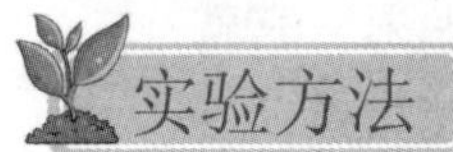

实验方法

（1）将三根葱从葱头至葱白部分切下15厘米的一段。

（2）在玻璃杯中装入2/3容积的土，并用水把土洒湿。

（3）用笔在泥土里插3个能让葱放进去的3厘米深的洞。

（4）将葱的根向下插进洞中，并将周围的土压实，让葱直立起来。

（5）把玻璃杯放在室内远离窗户的阴暗处。

（6）在葱的顶端用笔标一个记号，并且每天都用笔做记号。连续两周后，你会发现三根葱虽然生长速度不同。但它们都长得又长又细，长度都高达30厘米左右。

探寻原理

在水、阳光和养分都充足的条件下，植物才会健康生长。当光照不足时，植物就会长得高而细。许多种植在花坛里的植物，茎都会很长，就是因为这样能得到更多的阳光。所以在这个实验中，葱为了获取阳光，会长得又细又长。

23.如何种植马铃薯

难易指数：★★★★☆

五六个马铃薯，一些培栽用土，一个大广口瓶，一把水果刀，一些清水。

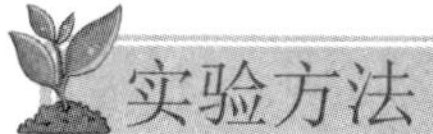

（1）找一个阳光照射不到的地方，把马铃薯放在这里等它长出小芽。

（2）马铃薯长出小芽后，用水果刀把小芽连同周围的部分切下来。

（3）在广口瓶中装入大半瓶培栽用土。

（4）在深5厘米的土里埋入切下来的马铃薯芽。

（5）用水将瓶中的土浇湿，但不要太湿。

（6）将瓶子静置并保持泥土湿润，连续观察两个星期，10～14天之后，土中会钻出小苗来。

马铃薯长在地下的茎称为“块茎”。马铃薯的芽是营养的繁殖器官，把马铃薯切下的块种在土里以后，就会长出新的马铃薯植株来。马铃薯的这种块茎繁殖方式，就是自然营养繁殖。

24.不会变红的西红柿

难易指数：★☆☆☆☆

准备工作

一棵刚长出果实的西红柿植株，一个碗，一个装满开水的暖水瓶。

实验方法

（1）在西红柿树上选定一个绿色的西红柿，但是不要采摘下来。

（2）打开暖水瓶，在碗里倒满一碗开水。

（3）把选定的那个绿色西红柿浸泡在开水里三四分钟。

（4）等整株西红柿植株上的果实全部成熟变红后，你会发现，只有被开水浸泡过的那个西红柿仍旧是绿色的。

探寻原理

西红柿在成长的过程中，其果实中含有一种酵素物质，它能产生乙烯从而把西红柿催红。所以它才会从刚开始的绿色变成成熟后的红色。但是开水浸泡过的西红柿，里面的酵素被破坏了，没有了这个催发成熟的酵素，西红柿就不会变红，一直保持绿色。

25.芹菜变甜了

难易指数：★☆☆☆☆

准备工作

两根带有叶子的新鲜芹菜，两个细长玻璃杯，一把小勺子，一些白砂糖，水。

实验方法

（1）并排放置两个玻璃杯，然后在两个玻璃杯中分别倒入半杯水，再往左边的玻璃杯中放入4勺白砂糖。

（2）在两个玻璃杯中分别插入1根芹菜。

（3）静置两天后，从两根芹菜上分别摘下一片叶子放进嘴中尝尝。你会发现，插在糖水中的芹菜味道甜甜的，而插在清水中的芹菜却没有甜味。

探寻原理

植物的茎部中有能输送水分的导管。土壤中能溶解于水的养分就会随着水分的传输，通过木质部里的导管，输送到每一片叶子的细胞里。而实验中，溶解在水中的糖分小颗粒物质也可以由茎输送到叶片。所以插在糖水中的芹菜的叶子尝起来会是甜的。

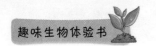

26.不会腐烂的黄瓜

难易指数：★★☆☆☆

准备工作

两根新鲜的黄瓜，一把水果刀，两个盘子，一个小勺子，一些食盐。

实验方法

（1）拿一根黄瓜，在距瓜柄1/3处用水果刀切下。

（2）用勺子把切下的黄瓜中间的瓤挖空，在挖空处均匀地撒上一些食盐。

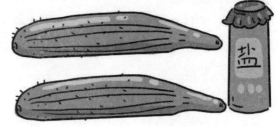

（3）把撒过盐的黄瓜放在一个盘子里，另一根黄瓜放在另一个盘子里，然后把两个盘子紧挨着放在一起。

（4）过三四天再去看两个盘子里的黄瓜，你会发现，没撒食盐的黄瓜已经腐烂了，而另一根黄瓜流出了许多盐水，变得有些干瘪，但没有腐烂。

探寻原理

撒上食盐的黄瓜之所以没有腐烂，只是变得干瘪，是因为黄瓜细胞中的水分子能穿过细胞壁，进入被黄瓜表面水分溶解的浓盐水中，使盐水浓度降低，而黄瓜由于大量失水而变得干瘪。而且食盐水又会抑制微生物的生长，所以这根黄瓜不易腐烂。而没有撒食盐的黄瓜由于本身水分充足，有害微生物容易滋长，所以腐烂了。

27.蓝色的萝卜

难易指数：★☆☆☆☆

一个红萝卜，一个盆，一块粗布，一些小苏打，一些清水。

（1）在盆里装入半盆水。

（2）在水中放一些小苏打，制成小苏打水溶液。

（3）把红萝卜的表皮用粗布搓去。

（4）把搓去表皮后的红萝卜放进苏打水溶液中。

（5）3分钟后，拿出水中的红萝卜，你会惊奇地发现，红萝卜变成了蓝色。

制成的小苏打水溶液是碳酸氢钠，它呈碱性，而萝卜皮里含有植物色素，植物色素遇到碱后会变成蓝色。所以当萝卜遇到苏打溶液时，就变成了蓝色。

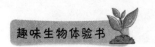

28.会变颜色的豆芽

难易指数：★☆☆☆☆

两个碟子，一块布，几十粒黄豆。

实验方法

（1）把黄豆放在一个碟子里，放到黑暗且温暖的地方然后用湿布盖好，并经常浇水，使黄豆得到充足的水分。

（2）几天后，黄豆发芽了，两片叶子都是金黄色的。

（3）取一半豆芽放入另一个碟子，再移置到阳光充足的地方，不用布遮盖。剩下的一半仍同以前一样，用布遮好不见光。

（4）两天后，阳光照射下的一碟豆芽变绿了，另一碟豆芽仍然呈金黄色。

植物体内含有叶绿素、叶黄素、花青素和胡萝卜素等色素，植物体内哪一种色素的含量最多，植物就会呈现出相应的颜色。见不到光的豆芽体内叶黄素最多，因此长出的豆芽呈金黄色。而放在阳光下的豆芽，在阳光照射下，产生了大量的叶绿素，因此变绿了。

29.沙漠里的植物

难易指数：★☆☆☆☆

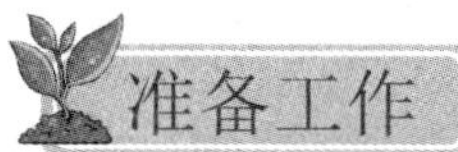

三张干纸巾，两枚回形针，一张铝箔纸，一张蜡纸，一些清水。

（1）用清水洒湿三张纸巾，直到不会滴出水的状态。

（2）把一张湿纸巾平摊在铝箔纸上。把第二张湿纸纸巾卷起来，也放在铝箔纸上。把第三张湿纸巾同样卷起来后，再用蜡纸包起来，同时在两端各用一个回形针把蜡纸夹住后也放在铝箔纸上。

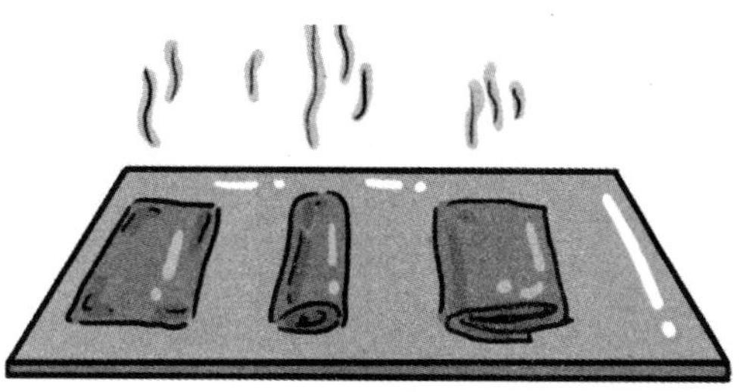

（3）把铝箔纸连同上面的纸巾一起移置到阳光充足的地方。

（4）一天之后，把卷起来的两张纸巾打开，用手分别摸这三张纸巾。

（5）你会发现，摊开的纸巾完全干了；卷起来的第二张纸巾两端是干的，里面却有点湿；用蜡纸包裹的纸巾却还是湿透的。

探寻原理

植物暴露在外的表面积越大，水分蒸发得越快；相反，暴露的表面积越小，水分蒸发得越慢。所以，植物暴露在外面的表面积大小和水分蒸发的速度是成正比的。因此，许多沙漠植物为了减少水分的消耗，减少蒸腾的面积，它们的叶子会缩得很小，或者变成棒状或刺状，甚至没有叶子，用嫩枝进行光合作用，例如仙人掌。除此之外，有的植物不但叶子小，花朵也很小，例如怪柳。为了抑制蒸腾作用，有的植物叶子的表皮很硬、很厚，叶子表层还长有蜡质层和大量的毛，并且叶子的部分气孔也闭塞了。

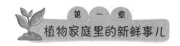

30.谁先挨冻

难易指数：★☆☆☆☆

一片生菜叶，一根芹菜，一根大葱，一张纸巾。

实验方法

（1）把生菜叶、芹菜、大葱一起放在纸巾上，再放进冰箱的冷冻室。

（2）每隔两分钟打开冷冻室的门，看看哪一种蔬菜冻结起来了，哪一种蔬菜没冻结。

（3）一段时间后，你会发现生菜和芹菜会先冻结起来，而大葱则需要很长的时间才会冻结。

影响物体冻结速度的原因有很多，其中的一个原因就是：表面积越大的蔬菜，热量散失得也越快，所以也更快冻结。但如果是菜叶面积相同的不同蔬菜放在一起，这种情况下就要考虑是别的因素使它们的冻结有快慢之分了。而上述实验中，生菜跟芹菜的菜叶表面积都比葱大，所以大葱是最慢冻结的。

31.芥菜为什么不怕霜冻

难易指数：★★☆☆☆

准备工作

一些盐，两个纸杯，一把小勺，一卷胶带纸，一支笔。

实验方法

（1）把两只纸杯都装满水。在两只杯子上分别贴上写有“盐水”和写有“清水”的胶带纸。

（2）在贴有“盐水”的纸杯里倒进一茶匙的盐，搅拌均匀，将两只杯子都放进冰箱的冷冻室。

（3）每隔两小时观察一下冰箱中纸杯里水的冻结情况，你会发现无论放多久，盐水都不会像清水那样冻得硬邦邦的。

探寻原理

往水里加盐，会让水的凝固点下降。所以清水结成冰的温度会比盐水结成冰的温度高。而叶子面积越大的蔬菜，冻结也就越快。但是溶解在细胞液中的养分数量也会影响蔬菜冻结的速度。养分浓度越大，蔬菜越不容易冻结。在耐寒的蔬菜中，像芥菜、花椰菜等蔬菜，它们的叶子很大，却也能耐寒，就是因为较大的养分浓度帮助抵御了严寒。

32.能“看见”的洋葱味

难易指数：★★☆☆☆

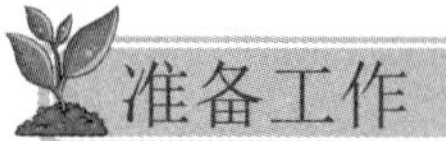

一个盘子，水，滑石粉，一把菜刀，一个洋葱。

（1）把水倒一些在盘子上。

（2）等水静止不动后，在水面上撒一层薄薄的滑石粉。

（3）用刀切开洋葱，让它靠近滑石粉。这时你会发现，滑石粉开始慢慢移动起来了，并且不断向四周散开。

切洋葱时会流眼泪也是因为这些气味分子。

将洋葱对半切开后，先泡一下凉水再切，就不会流泪了。

探寻原理

洋葱被切开后，它会迅速向空气中释放出非常多的气味分子，这些气味分子有非常强烈的气味。而实验中让滑石粉移动的，正是这些气味分子。

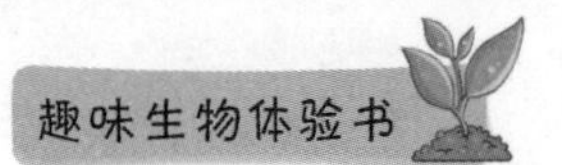

33.能导电的土豆

难易指数：★★☆☆☆

准备工作

一个盘子，水，滑石粉，一把菜刀，一个洋葱。

实验方法

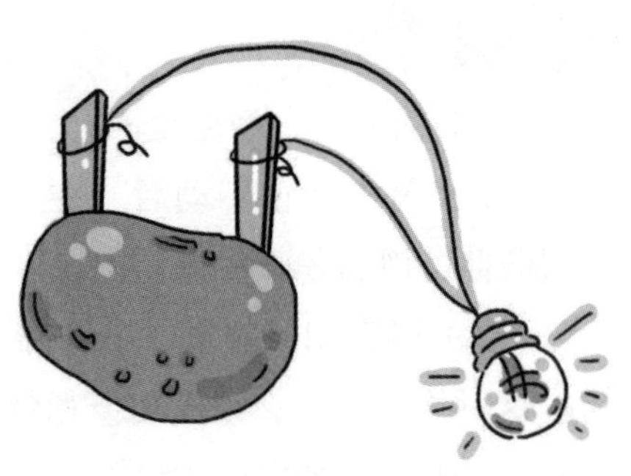

（1）把水倒一些在盘子上。

（2）等水静止不动后，在水面撒一层薄薄的滑石粉。

（3）用刀切开洋葱，让它靠近滑石粉。这时你会发现，滑石粉开始慢慢移动起来了，并且不断向四周散开。

这样一来，土豆就像个电池一样了呢！

哈哈！土豆的用处可真多！

探寻原理

土豆富含汁液，而土豆的汁液呈酸性，把锌片和铜片插在土豆上后，金属铜和锌受到酸的作用，锌片会失去电子，铜片会得到电子，这样铜片就带了正电荷，锌片带了负电荷。当电子由铜片流向锌片时，电路上就产生了电流，所以灯泡就亮了。

34.土豆上的白糖

难易指数：★★☆☆☆

准备工作

两个土豆，白糖，一个盘子，一把水果刀，一把小勺。

实验方法

（1）取出一个土豆，把它放进水中煮熟。

（2）土豆煮熟后，把它和另一个生土豆的两头都削掉一片。

（3）在每个洞里各放1勺白糖，然后将它们直立在有水的盘子里。

（4）几个小时后，你会看到生土豆里的白糖已经溶化了，而熟土豆里面的白糖依旧是颗粒状。

小朋友们知道白糖溶化的原因吗？
我们一起来看看吧！

探寻原理

土豆被煮熟后，内部的细胞被破坏，自然也失去了渗透的功能，所以熟土豆里的白糖不会溶化。但是生的土豆内部细胞是活的，经过吸收水分，白糖浸水就会溶化

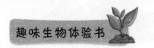

35.哪个西瓜熟了

难易指数：★☆☆☆☆

准备工作

两个新鲜的西瓜，两个一样大小的大盆，一些水。

实验方法

（1）在两个盆里都装满水。

（2）把两个西瓜分别放在两个盆中。

（3）仔细观察两个盆里中的西瓜，你会发现两个西瓜都浮在水中。

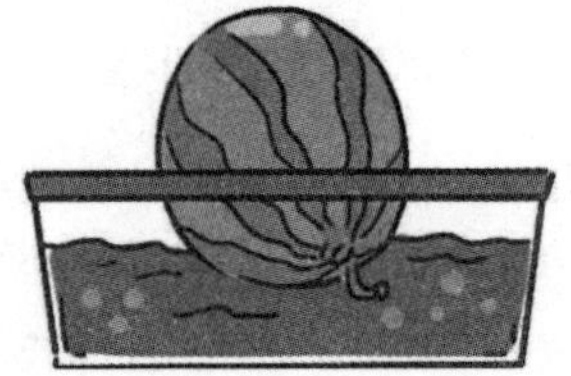

（4）继续观察哪一个浮得高些，哪一个浮得低些。将两个西瓜切开来尝一尝，你就会发现，浮得高一些的西瓜会熟一些，浮得低一些的西瓜则会生一些。

探寻原理

西瓜成熟的程度不一样，其密度也会不一样。因为西瓜生长到一定程度时，它的重量就不会再增加，但它的体积会继续长大，于是它的密度也就会变得越来越小。所以，成熟度高的西瓜会比成熟度低的西瓜在水中浮得高。

36.瓶子里生长的苹果

难易指数：★☆☆☆☆

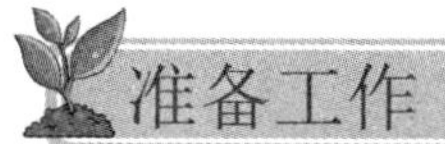

准备工作

一个未成熟的小苹果，一个瓶口比较大的玻璃瓶，一根绳。

实验方法

（1）到果园里挑选一个和瓶口差不多大但是还没成熟的小苹果。

（2）把苹果小心地装进瓶子里。

（3）用绳子将瓶子拴在苹果树上，以保障苹果在瓶子里继续生长，并且不受侵害。

（4）等到苹果成熟的季节，你会发现，它已经在瓶子里长成了成熟的大苹果。

探寻原理

这个实验中，瓶中生长的苹果其实就跟大棚里种植蔬菜的原理是一样的。苹果在有充足的阳光、水分和氧气的情况下，就能顺利生长。而且瓶子内部的空间比较大，有利于苹果的生长，于是最后长成了成熟的大苹果。

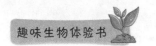

37.流口水的苹果

难易指数：★☆☆☆☆

一个新鲜的苹果，一把水果刀，一些白砂糖。

实验方法

（1）用水果刀削去苹果顶端的果皮，再挖一个倒圆锥形的洞窝，使洞窝的尖端开口恰好位于苹果的另一端。

（2）以大口上、小口下的方向把苹果悬放起来。

（3）仔细观察苹果底部开口处几分钟，并没有看到异常。

（4）把适量白砂糖均匀地撒在洞窝里，不一会儿，洞窝里就出现了水分，而且在慢慢聚集，大约20分钟后，底部开口处就有水珠自然地滴落下来。并且水分还在不断地渗出、流淌，并形成新的水珠滴下。

撒在苹果洞窝里的糖会溶化在里面少量的水中，而后形成一层高浓度的溶液。苹果细胞液的浓度较低，于是水分就会从低浓度的细胞液渗透到外面的糖液中，然后慢慢地汇聚成水珠，最后滴落下来。

38.带字的苹果

难易指数：★☆☆☆☆

准备工作

一个苹果，一张遮光纸，一支笔。

实验方法

（1）在苹果树上选1个已经长大、快要变红的、果形端庄的苹果。

（2）在纸上根据苹果的大小写出一个字，然后用剪刀剪下有字的纸片，贴在苹果朝阳的一边。

（3）等到苹果成熟时，把贴在苹果上的纸片去掉，苹果上就会出现你写出的字。

探寻原理

苹果里含有叶绿素、叶黄素、花青素等色素。叶绿素呈绿色，它在果实成熟的时候，会分解消失；叶黄素会让果实呈现出黄色，它在植物体内又会转化为花青素，花青素在酸性溶液中呈红色。苹果在阳光的照射下，酸性物质增加，花青素就变成红色，使苹果一面呈现出鲜红的颜色。被纸片遮住的部分，因缺少阳光照射，花青素仍然保持着淡青色。这样，字就变成苹果的一部分了。

39.迸火花的橘子皮

难易指数：★★★☆☆

一个橘子，一根蜡烛，一个打火机。

（1）剥下橘子皮备用。

（2）找一个黑暗的地方，用打火机点亮蜡烛。

（3）用力挤压橘子皮的同时靠近火焰，你会看到有火花闪现，并伴随爆裂的声响。

为什么会出现这样的现象呢?

让我来告诉你其中的奥秘吧!

橘子皮中含有丰富的植物油，这种油具有很强的挥发性。当橘子皮靠近蜡烛燃烧的火焰时，挤压橘子皮所溅出来的油挥发就会遇火燃烧，于是就迸发出火花，并伴随着爆裂的声响。

40.菠萝“吃”凝胶

难易指数：★★☆☆☆

准备工作

一些凝胶粉，水，一个杯子，两个碗，冰箱，一个菠萝。

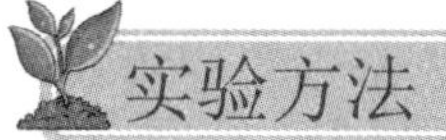

实验方法

（1）在杯里倒入适量凝胶粉和水，混合在一起，制成混合液。

（2）把杯中的混合液平均分成两份倒入两个碗中。

（3）把这两个碗放入冰箱的冷藏室内冷藏。第二天，取出碗，凝胶就制作成了。

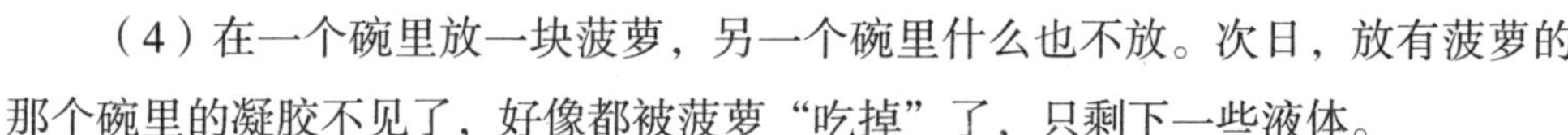

（4）在一个碗里放一块菠萝，另一个碗里什么也不放。次日，放有菠萝的那个碗里的凝胶不见了，好像都被菠萝“吃掉”了，只剩下一些液体。

探寻原理

菠萝里含有蛋白酶，而凝胶里含有蛋白质，蛋白酶具有强大的分解蛋白质的能力。刚开始，凝胶是固态的，放入菠萝后，菠萝中的蛋白酶就会开始分解凝胶中的蛋白质，于是凝胶就无法再保持固态状，转而变成液态。

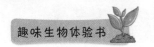

41.葡萄干竟然变胖了

难易指数：★☆☆☆☆

准备工作

几粒葡萄干，一个玻璃杯，一些清水。

实验方法

（1）在玻璃杯中倒入一些清水。

（2）在玻璃杯中放入几粒葡萄干。

（3）静置一个晚上，再观察杯中的葡萄干，你会发现，杯中的葡萄干膨胀变软了，且外皮变得很光滑。

探寻原理

干瘪的葡萄干里水分很少，所以它们的溶液浓度大。在渗透的过程中，水分子会通过植物的细胞膜，从溶液浓度小的一侧向溶液浓度大的一侧移动。因此杯子里的水就会穿过葡萄干的细胞膜进入葡萄干的细胞中。当葡萄干的细胞中充满水分时，葡萄干就会膨胀变软，外表也变得光滑起来。

42.如何提取花香

难易指数：★★☆☆☆

几片香而新鲜的花瓣，一个玻璃杯，一些清水，一瓶酒精，一些保鲜膜。

（1）把花瓣放进玻璃杯中，然后倒入大半杯水。

（2）在杯中滴几滴酒精，用保鲜膜封住玻璃杯口。

（3）将玻璃杯移到有阳光照射的地方。

（4）7天之后，揭开保鲜膜，取出杯中的一点水，涂抹在手臂上，你会闻到好闻的花香。

花瓣中有一种油细胞，它能分泌出芳香油，而芳香油就是导致我们最终闻到花香的来源。在花瓣水中加入酒精的目的就是将花瓣的芳香油萃取出来。所以，当我们将这种带有花香的液体涂抹在手上的时候，具有挥发性质的酒精就将花的香味散发出来了。

43.会变色的花儿

难易指数：★★★☆☆

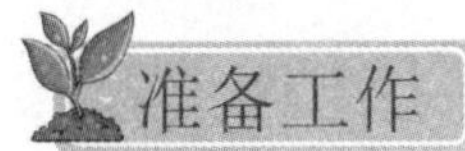

准备工作

若干朵粉红色康乃馨，一朵红色喇叭花，醋水，盐水，糖水，清水，肥皂水。

实验方法

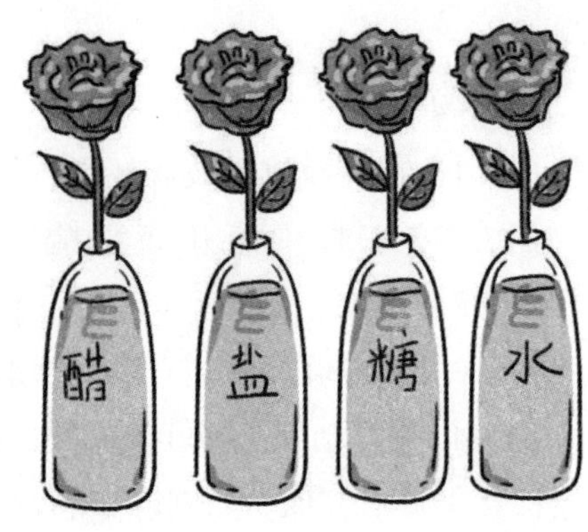

（1）在醋水、盐水、糖水和清水中分别插入一朵粉红色康乃馨。大约两小时后，醋水中的花变成了深红色，而其余3种水中的花朵颜色基本上没有变化。

（2）配制几种不同浓度的醋水，分别插入1朵粉红色康乃馨，结果你会发现醋水的浓度越高，花的颜色也越深。

（3）在肥皂水中插入一朵红色喇叭花，不一会儿，喇叭花的颜色变成了蓝色。把这个蓝色的喇叭花再放到一杯醋水中，不一会儿，它竟然又变回了红色。

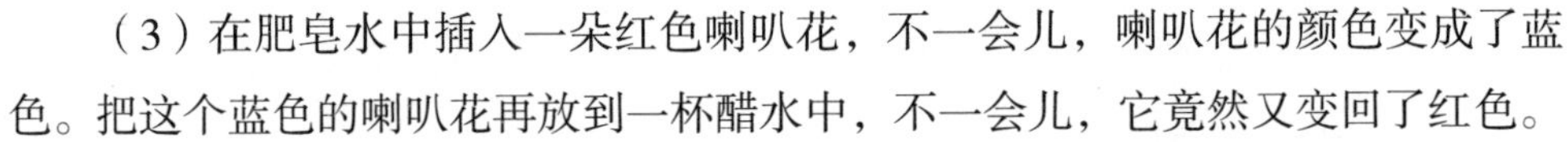

探寻原理

花瓣中含有花青素，花青素遇到酸性物质时会变成红色，遇到碱性物质时会变成蓝色。所以把粉色康乃馨插入到酸性的醋水中会变成红色，把红色喇叭花插入到碱性的肥皂水中会变成蓝色。

44.仙人掌的妙用

难易指数：★★★☆☆

准备工作

一片新鲜的仙人掌，一杯浑水，一把小刀。

实验方法

（1）用小刀在一片仙人掌上面划出几道口子，稍微用力按压出液汁。

（2）将仙人掌汁放在浑水中搅拌，直到水里出现蛋花状的沉淀物。

（3）让杯子中的水静置5分钟，再观察，你会发现，水中蛋花状的沉淀物沉入杯底，而原来浑浊的水竟然变得干净了。

探寻原理

仙人掌的汁液有净化的作用，是天然的净化剂，能净化水中的脏物。所以把仙人掌的汁液放入浑水后，浑水会变得干净清澈。

仙人掌独特的形态，使它们在艰苦的生态环境下能具备生长优势。它的枝干充当水库，根据其蓄水的多少可以膨胀和收缩。皮上的蜡质保护层可保持湿气，减少水分流失。尖尖的刺减少了水分蒸发，同时可防止口渴的动物把它当成免费饮料。

45.天然驱虫剂

难易指数：★★☆☆☆

准备工作

一个大蒜头，一个水盆，一些清水，一个喷壶，一盆长了虫子的花。

实验方法

（1）将大蒜头剥皮并捣碎。

（2）在水盆里倒入一些清水，然后放入捣碎的蒜，浸泡几个小时。

（3）将喷壶装上浸泡液喷洒在花上。

（4）两三天之后，你会发现，花上的害虫慢慢变得干瘪直至死亡。

生活中常见的大蒜头竟然还有这样的用处！

又长知识了吧！

探寻原理

大蒜头可以杀死虫卵，同时它浓烈的气味可以驱赶害虫，使它们不敢接近花卉。所以实验中在花上喷洒大蒜浸泡液，杀死了害虫。夏季是蚊虫肆虐的季节，除了使用各种杀虫剂，这种驱虫方式用起来更健康。

46.会“爆炸”的凤仙花果实

难易指数：★☆☆☆☆

准备工作

一株果实已经成熟的凤仙花。

实验方法

（1）在凤仙花植株上选择一颗已经成熟的果实。

（2）用食指和大拇指轻轻捏一下果实，这颗果实立刻在你的手中“爆炸”了，同时果实里面的花籽也弹射了出来。

凤仙花的汁液可以用来染指甲呢！

所以它也叫作指甲花！

探寻原理

凤仙花的果实成熟以后，果壳的五条缝隙已经松动，果夹的内外层处于紧绷的状态，只要一碰解就会爆开，里面的花籽也会向外弹射出来。

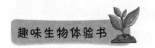

47.花盆里的灌溉系统

难易指数：★★★☆☆

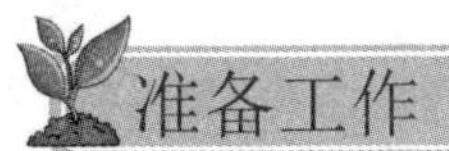

准备工作

一个口小肚子大的透明瓶子，一些水，一个比较大的植物盆栽。

实验方法

（1）在瓶子里灌满水。

（2）将装满水的瓶子倒置着插进花盆的泥土中。此时你会发现，瓶子里的水并没有立刻流出来，而且瓶子里的水有明显的减少。

（3）过两三天后再观察，你会发现，瓶子里的水明显减少了。

探寻原理

瓶子刚被插入泥土中的时候，瓶子里的水向外流，将周围的泥土洇湿了，湿润的土壤就形成了密封的状态，于是瓶子里的水就不会流出来了。而植物水分的需求是通过植物的根部来吸收的，过了几天，植物的根吸收了土壤中的水，瓶子周围就有了空气，此时瓶子里的水会再流出来，直至再次形成密封状态为止。

48.卷曲的蒲公英

难易指数：★★☆☆☆

一株蒲公英，一个大玻璃杯，一些清水。

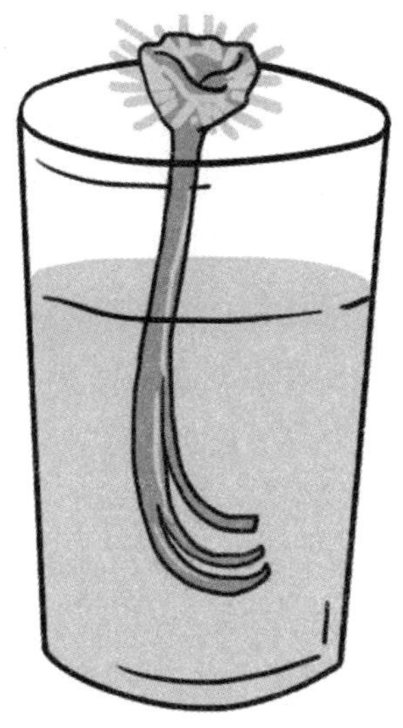

实验方法

（1）在玻璃杯中倒入大半杯清水。

（2）将蒲公英的茎撕成细长的条状，然后插入玻璃杯中。

（3）不一会儿，你会看到，刚刚撕开的蒲公英的茎全都卷曲了。

蒲公英茎内的肉质细胞里贮存着水分，肉质细胞充满水分后会变得坚强有力，而能支撑起花朵。当把茎干撕开的蒲公英放入水中时，茎干内部的肉质细胞会吸满水分，而发生膨胀，于是它就比外部的茎干细胞长了。当某个柔软的物体一侧比另一侧长时，就会发生弯曲。所以，充分吸收了水分的蒲公英茎就会卷曲起来。

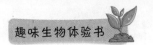

49.顽强的柳条

难易指数：★★☆☆☆

一棵柳树，一把小刀。

实验方法

（1）在柳树上选择一根中等粗细的枝条。

（2）用小刀小心地将柳条的外皮割去一圈，注意不要伤到其木质部分。

（3）过几天后再观察，你会发现柳条上面的树叶并没有枯萎，也基本上没有什么变化。

柳树的生命力可真顽强啊！

但是我们也不可以随意伤害它哦！

植物在根部吸收的带有营养的水分，是通过树皮下面的木质部来输送到各个部位的。也就是在最新的年轮里，有一种细微的导管，承担着根部向上输送和从树叶向下输导汁液的任务。所以割去柳条的外皮，不会对树叶产生影响。

50.树的年轮

难易指数：★☆☆☆☆

准备工作

一个刚从树木上锯下来的木墩子。

实验方法

把木墩子上的锯末清理干净，观察上面的圈圈，这些圈圈就是树的年轮。

探寻原理

木墩上的同心轮纹，通常情况下，每年都会形成一轮，所以称之为“年轮”。植物生长会受到季节的影响而产生周期性的变化，在树木茎干韧皮部的内侧，有一层特别活跃的细胞，能形成新的木材和韧皮部组织，这一层称为“形成层”，树干增粗全是它活动的结果。到了夏末至秋季，气温和水分等条件逐渐不适于它的活动，于是产生的细胞小而壁厚，导管的数目极少，纤维细胞较多，这部分木材质地致密，颜色也深，称为“晚材”或“秋材”。每年形成的早材和晚材，逐渐过渡成一轮，代表一年所长成的木材。在前一年晚材与第二年早材之间，界限分明，成为年轮线。

第二章
动物世界的奇异现象

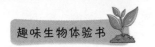

1.鸡吃小石子的秘密

难易指数：★★☆☆☆

准备工作

一些小石子，一些葵花籽，一个塑料袋，一个玻璃杯，一些水。

实验方法

（1）把葵花籽剥掉壳后，放进玻璃杯里。

（2）往杯中倒入大半杯水，让葵花仁浸泡半个小时左右。

（3）把适量的小石子放进塑料袋里，然后把浸泡后的葵花仁也放进去。

（4）用手揉搓塑料袋，使葵花仁和小石子相互摩擦。过一会儿，你会发现，葵花仁居然被小石子磨碎了。

探寻原理

因为鸡没有牙齿，它吃进去的食物通常都是直接进入体内，很难消化掉。所以，鸡把小石子吃进胃里，让食物与小石子互相摩擦，这样就能更好地消化吃进去的食物。

2.鸭毛为什么不湿

难易指数：★☆☆☆☆

两根鸡毛，一根鸭毛，一些凡士林油，一盆清水。

（1）把一根鸭毛和一根鸡毛一起放入清水中。

（2）一两分钟后取出鸡毛跟鸭毛，你会看到，鸡毛已经完全湿透了，而鸭毛上面只带着几颗小水珠，用手抖两下，鸭毛又恢复了原状。

（3）在另一根鸡毛上涂上一些凡士林油后，再浸入水中。

（4）一两分钟之后，把水中的鸡毛取出。

（5）你会惊讶地发现，这根鸡毛和刚才的鸭毛一样，没有被水浸湿。

鸡毛跟鸭毛的区别到底在哪里呢？

让我来告诉你吧！

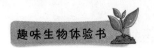

探寻原理

鸭子的羽毛上有油脂。在鸭子的尾部有尾脂腺，能够分泌油脂。我们经常会看到鸭子将头转到身体后面，其实它是用嘴刮取油脂，然后再涂抹在羽毛上。这样一来鸭子在水中嬉戏，就算是钻进水中，羽毛也不会湿。当然，鸡也有尾脂腺，但鸡不用嘴去刮取油脂涂抹羽毛，所以鸡毛很容易被水浸湿。

在水中生活的鸟类都有类似鸭子的特点，它们的羽毛就像是穿在身上的一件防水雨衣，还能增加它们在水中的浮力。

3.狗为什么不停伸舌头

难易指数：★☆☆☆☆

一条大狗，高温环境。

实验方法

在炎热的环境下，你会发现狗狗在不停地伸舌头，上气不接下气地喘气，即使没有奔跑的时候也是这样。给狗喝了点水，还是不管用，难道是狗非常地渴吗？

实际上狗是在通过舌头“出汗”来调节体温。自然界里，动物分为变温动物和恒温动物。变温动物的体温是随外界环境变化而变化的，如两栖类、爬行类和鱼类等；恒温动物有完善的体温调节机制，在环境温度发生变化时能保持体温相对恒定，如鸟类、哺乳类等，包括人类在内。人的体温一般恒定在37摄氏度上下，过高或过低都会生病。在高温季节里，人通过流汗来保持正常的体温。狗也是一种恒温动物，但与人不同的是，狗身上的皮肤表面没有汗腺，只有舌头上生有汗腺。因此，狗在高温环境下会不停地伸舌头来保持正常的体温。

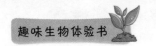

4.会变的猫眼睛

难易指数：★★☆☆☆

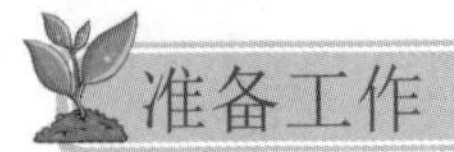

准备工作

一只猫。

实验方法

（1）在光线特别明亮的地方观察猫咪的瞳孔，发现瞳孔就像是一条直线。

（2）在光线较昏暗的地方观察猫咪的瞳孔，发现特别大，如同满月一样。

探寻原理

猫的瞳孔括约肌的伸缩能力很强，光线强的时候，瞳孔可以缩得很小，像一条线一样；光线弱的时候，瞳孔又可以放大，跟满月一样圆大。平时仔细观察，你会发现，猫的瞳孔成一直线的时候，一定是在中午太阳光线强烈的时候。而在夜晚，它的眼睛就睁得滚圆。

因为猫咪的瞳孔括约肌比人类具有更大的伸缩能力，眼睛对光线的反应也比人要灵敏，因此猫咪不管在强光、弱光或黑暗中，都能看清楚东西。因为猫咪的瞳孔具有特殊的结构，所以它能在夜间轻松捉到老鼠。

5.骆驼在沙漠里生存的秘密

难易指数：★☆☆☆☆

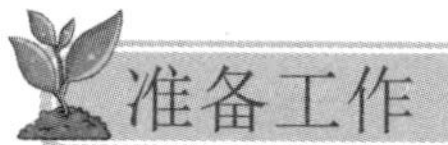

准备工作

一面带有手柄的镜子。

实验方法

（1）把镜子放在嘴边，对着镜子呼几口气。你会发现，镜子变得模糊了。

（2）继续呼几口气，仔细观察镜子，你会看到镜子上有许多细小的水珠。

探寻原理

因为我们呼出的气体中含有水蒸气，水蒸气凝结在镜子上，所以镜子会变得模糊。骆驼也是一样，呼出的气体也含有水蒸气。呼吸时，这些水蒸气一部分会在鼻呼吸道内，另一部分则会跑到鼻子外的空气中。但是骆驼的鼻呼吸道长而弯曲，骆驼呼出的水蒸气大部分会留在鼻子里，而不会散发到体外。因此，即使很长一段时间不喝水，骆驼也能在炙热的沙漠中行走。

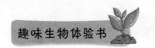

6.企鹅为什么不怕冷

难易指数：★☆☆☆☆

准备工作

一块黄油，两个塑料袋，两块相同大小的冰块。

实验方法

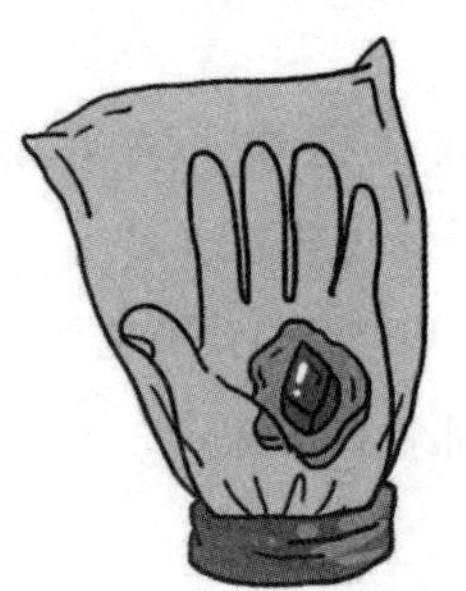

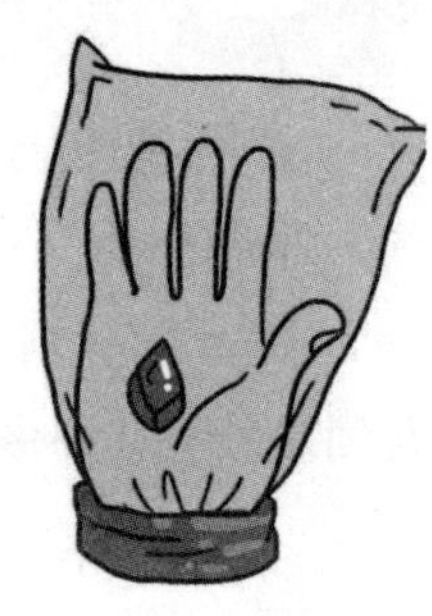

（1）把黄油放在一只手的手心上。然后在这只手上套上一个塑料袋。

（2）让一个朋友帮你把一个塑料袋套在你另一个手上。

（3）在你两只手的手心都放上一个冰块。

（4）一分钟之后，你会感觉到，没有放黄油的那只手比另一只要寒冷很多。

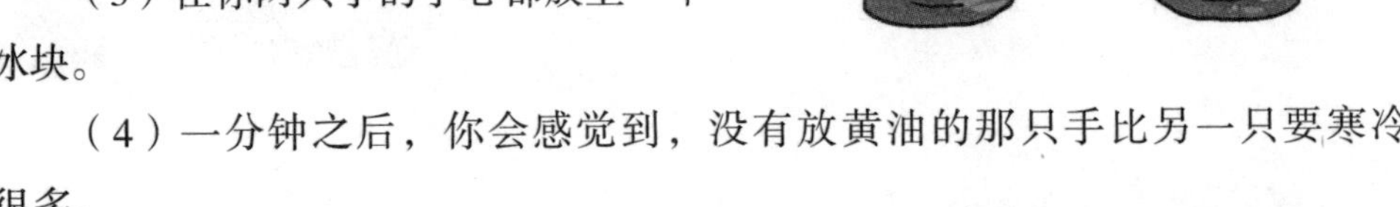

探寻原理

在寒冷的南极，企鹅之所以能生存下来，是因为它身上有一层厚厚的脂肪，特别是它的皮下脂肪层很厚，这些脂肪层能帮它抵御南极的寒冷。在实验中，由于黄油中含有脂肪，脂肪层能够帮助抵御寒冷，所以握有黄油的那只手感觉远远没有另一只手那么冷。

7.头不晕的啄木鸟

难易指数：★★☆☆☆

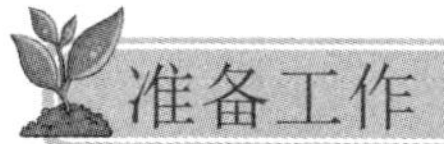

准备工作

一片有啄木鸟出入的树林，望远镜。

实验方法

在树林里用望远镜找寻啄木鸟，找到它后你会发现啄木鸟长着又尖又长的喙，不停地在树上啄来啄去，又从这棵树飞到那棵树，为树木检查“病情”。而且它的速度实在是太快了，都要看晕了！为什么啄木鸟不晕呢？

探寻原理

据有关数据统计，啄木鸟每天啄木有500～600次之多，每次啄木的速度能达到每秒500米以上，几乎是音速的两倍。由此可知，啄木鸟啄木时头部所受的冲击力，要比受到的重力高10倍以上！

为什么啄木鸟受到这么大的冲击力还不得脑震荡呢？这是因为，啄木鸟的头至少有三层防震装置，是一台天然的防震器。啄木鸟头部的肌肉系统比较发达，头颅十分坚硬，脑子被松软的骨骼包裹着；外脑膜与脑髓之间，又有一条狭小的空隙，能减弱啄木带来的振动波。

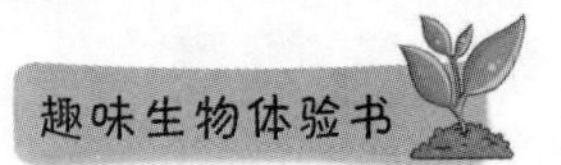

8.鸽子喂食的独特方式

难易指数：★★★☆☆

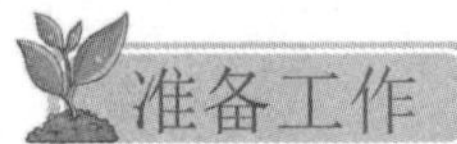

准备工作

刚生宝宝的雌鸽、雏鸽和雄鸽。

实验方法

鸽子妈妈和鸽子爸爸给雏鸽喂食时，会让雏鸽把喙伸到自己嘴里，这样它们就能吃到东西了。

雏鸽把喙伸进鸽子嘴巴里原来是吃食啊！

鸽子妈妈真的很辛苦呀！

探寻原理

雌鸽在雏鸽出壳后，自己的嗉囊里会制造供雏鸽吃的干酪状鸽乳。这是一种特殊的营养品，颜色微黄。喂食时，雌鸽与雏鸽口对着口，喂到雏鸽吃饱为止。雄鸽的嗉囊也能制造鸽乳。在雏鸽出壳后，雌鸽和雄鸽轮流担任喂乳工作。接下来的一周，鸽子还会在鸽乳中添加一些从胃里吐出来的半消化的食物。两周以后，幼鸽才改吃其他食物。

9.站着睡觉的鸟儿

难易指数：★☆☆☆☆

一只雀鸟，一把椅子。

（1）在树上找一只正站着睡觉的鸟儿。

（2）把椅子搬到树下。

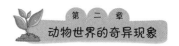

（3）坐在椅子上睡觉，并使上身挺直，让朋友裁判是你还是雀鸟的身子先歪斜。其实，无论你怎么和雀鸟比，最终失败的都不会是雀鸟。

鸟儿脚跟上的肌腱长得非常巧妙。它们从大腿长出的屈肌腱向下延伸，经过膝，再至脚，一直绕过踝关节，直达各个趾爪的下面。正是因为这样的肌腱，鸟儿在休息的时候，其身体的重量才会让它们自然屈膝蹲下，拉紧肌腱，趾爪收拢，紧紧抓住树枝。所以在任何情况下，就算它们睡着了，也还是可以稳稳站在树枝上而不会掉下来。

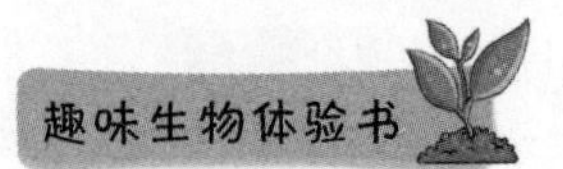

10.蜻蜓点水的原因

难易指数：★☆☆☆☆

准备工作

夏天，相约几个朋友来到池塘边。（注意个人安全）

实验方法

夏天的池塘边，我们经常能看到许多蜻蜓不时地飞到水面上，并且把尾巴轻轻碰触水面。你知道它在干什么吗？

探寻原理

蜻蜓点水，实际上是雌蜻蜓在受精后产卵。蜻蜓幼年时有一段时间是在水中生活的。卵直接产入水中或产于水草上。卵孵化出来的稚虫，称为水虿。水虿的下唇很长，能屈能伸；顶端有一对钳子，是专门捕捉蚊子的幼虫——孑孓（jié jué）的锐利武器。水虿常伸出勾状带爪钩的下唇，以捕捉水中小动物为生。水虿长大了，爬上突出水面的树枝或石头，就羽化成一只犹如空中飞龙的蜻蜓成虫了。

蜻蜓真棒，它的幼虫就已经为民除害了，真是名副其实的益虫！

设错，但是“蜻蜓点水”用在成语里面可是另外一个意思。

成语“蜻蜓点水”是指蜻蜓在水面飞行时用尾部轻触水面的动作，用来比喻做事肤浅不深入。它出自于杜甫《曲江》诗：“穿花蛱蝶深深见，点水蜻蜓款款飞。”

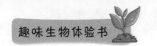

11.萤火虫为什么能发光

难易指数：★★☆☆☆

准备工作

几只萤火虫，一个有盖的汽水瓶，一颗小钉子。

实验方法

（1）在汽水瓶的盖子上用小钉子钻一个小孔。

（2）在夏天的夜晚，捕捉几只萤火虫。

（3）把萤火虫放到汽水瓶中，然后盖上盖子。

（4）将汽水瓶拿到黑暗处，仔细观察萤火虫身上的哪个地方在发光。或者你也可以把一只萤火虫拿到手中仔细观察。观察完后想想萤火虫为什么会发出一闪一闪的光亮。

探寻原理

萤火虫的发光部位位于腹部，是一层银灰色的透明薄膜。发光器由发光层、透明层、反射层三个部分组成。发光层拥有几千个发光细胞，而发光细胞中含有荧光素和荧光酶两种物质。在荧光酶的作用下，荧光素在细胞内水分的参与下，与呼吸进来的氧气发生氧化反应，发出荧光。这个荧光会随着萤火虫的呼吸节奏一闪一闪的，而这实际上是一个把化学能转化成光能的过程。

12.跟萤火虫谈心

难易指数：★★☆☆☆

准备工作

一个有瓶盖的广口玻璃瓶，一些不同种类的萤火虫，一个手电筒。

实验方法

（1）在夏天的夜晚，抓几只不同种类的萤火虫，然后将萤火虫装入玻璃瓶，并盖上盖子。

（2）把手电筒放在瓶子旁边，将房间中的所有灯源关掉，然后每隔1秒钟将手电筒开、关1次。如此重复共10次。

（3）接下来把手电筒开、关的间隔时间依次改为2秒钟、3秒钟、4秒钟，每1轮都要将手电筒开、关10次。

（4）几轮实验下来，你会发现萤火虫对于灯的亮灭是有反应的，而且对每一种亮灭的时间间隔反应会因萤火虫的种类不同而有差异。

探寻原理

不同种类的萤火虫发光的频率会有差异。一般来说，萤火虫每隔1～4秒就会发出亮光，但是不同种类的萤火虫间隔时间不同。

13.小小数学家

难易指数：★☆☆☆☆

准备工作

一个蜜蜂巢穴，一个碟子，一些浓糖水。

实验方法

（1）把适量浓糖水倒入碟子中，然后把碟子放在距离蜂巢大约5米的地上，没过多久，蜜蜂就会来吃糖水。

（2）第二天，把碟子移到比原来远20%的地方，并补充些浓糖水。

（3）第三天，再把碟子移远20%的距离，再补充些浓糖水。以此类推，坚持一个星期，你会惊讶地发现，蜜蜂会在你将要放置的位置糖水等你了！

探寻原理

蜜蜂能够进行几何级数的运算。当每个数字在其前面的基础上变化同样的百分比，它能对这一系列数字进行“运算”。

数学家们发现，蜜蜂具有数学天赋。早在几千万年前，蜜蜂已经用唯一可能的方法解决了立体几何学上的一个难题，因为它们用最小限度的蜡把巢房的形状建造得恰到好处，使它能装下最大限度的蜜。

14.蜜蜂和蝴蝶的选择

难易指数：★★☆☆☆

准备工作

几朵不同颜色的新鲜花朵，几只蜜蜂，几只蝴蝶。

实验方法

（1）将几朵颜色不同的花朵分开摆放。

（2）让蜜蜂和蝴蝶靠近花朵。仔细观察它们落在不同颜色花朵上的次数。

（3）你会发现，蜜蜂很多的时候是停留在黄色和白色的花朵上，而蝴蝶会停留在红色花朵上。

探寻原理

因为蜜蜂看不见红色，而蝴蝶能看得见，所以红色的花朵上只有蝴蝶会停留。在黑暗的森林中，红色、暗红色花朵不容易被发现，而白色和黄色等浅色花朵非常明显，所以能吸引蜜蜂等昆虫。

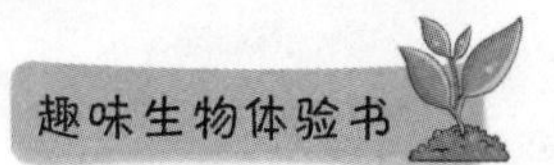

15.蝴蝶和飞蛾的不同

难易指数：★★★☆☆

准备工作

一个捕虫网，一只蝴蝶，一只飞蛾，两个大的玻璃瓶，两根橡皮筋，两只丝袜。

实验方法

（1）用捕虫网捕捉一只蝴蝶和一只飞蛾。捕捉到后不要伤害到它们。

（2）然后将蝴蝶和飞蛾分别装在两个玻璃瓶里，用丝袜盖在瓶口上，同时用橡皮筋将丝袜和瓶口绑紧。

（3）透过玻璃瓶观察蝴蝶和飞蛾，仔细观察它们的差别。

探寻原理

蝴蝶和飞蛾虽然外观很相似，且同属鳞翅目，但是它们之间的差别却很大。比如在休息时，蝴蝶将翅膀合拢，而飞蛾却将翅膀平放呈脊状。它们都有触角，但蝴蝶的触角细长，成棒状或锤状，飞蛾的触角则呈羽状或丝状。蝴蝶的腹部细长，飞蛾的腹部则粗短。蝴蝶喜欢在白天活动，飞蛾则喜欢在晚上活动。而且它们翅膀的挥动方式也是不一样的。

16.雌蚕蛾的魅力武器

难易指数：★★★☆☆

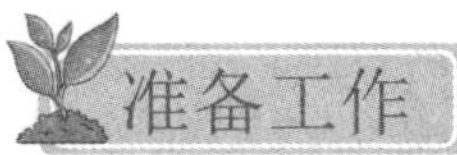

准备工作

一只羽化的雄蚕蛾，两只羽化的雌蚕蛾，一个玻璃杯，一块玻璃片，一张白纸，一把小刀。

实验方法

（1）把一只雌蚕蛾小心地放在玻璃片上，然后用玻璃杯倒扣住。

（2）把另一只雌蚕蛾放在离杯子一段距离远的地方。

（3）将雄蚕蛾放到离玻璃杯近，且离杯子外的雌蚕蛾远的地方。你会看到，雄蚕蛾向离它远的那只杯外的雌蚕蛾飞奔而去。

（4）用小刀小心地把杯子外的雌蚕蛾的腹部中间部分切开，再挤压腹部，将流出的液体涂在纸上。

（5）把纸片放到原先杯外雌蚕蛾停留的地方。

（6）再把雄蚕蛾放到原来的地方，你会发现，雄蚕蛾还是对杯中的雌蛾视而不见，毫不犹豫地奔向了纸片。

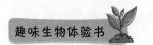

探寻原理

雄蚕蛾头上有专门接收气味信号的触须，雌蚕蛾能够分泌出有特殊气味的性引诱素吸引雄蚕蛾。当雌蚕蛾散发出气味后，雄蚕蛾就能通过触须找到雌蚕蛾。实验中，我们先把雌蚕蛾扣在玻璃杯中，它分泌的气味传不出去，于是雄蚕蛾就找不到它。而当我们把雌蚕蛾的分泌物涂在纸上时，雄蚕蛾就误把这当成雌蚕蛾本身了。

飞蛾这种以气味传情、寻找配偶的方式，在生物学中称为“化学通讯”。人们以此“化学通讯”的特点，分离和测定了许多飞蛾类害虫性外激素的结构，并进行人工合成，用来诱杀雄性飞蛾，以达到生物防治的目的。

17.纸片诱蝶

难易指数：★☆☆☆☆

准备工作

一只雄菜粉蝶，一张白色纸片，一根线。

实验方法

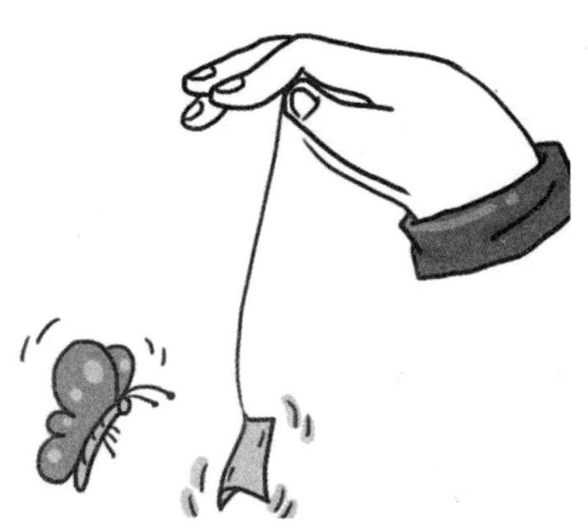

（1）春季和夏季，经常能看到菜园里有许多菜粉蝶在飞舞。

（2）仔细观察，你会发现，雄蝶一看到雌蝶，立即会飞过去与雌蝶会合。这时雌蝶马上腾飞而起，雄蝶紧紧追随，一前一后，或上或下，翩翩起舞，然后交尾。

（3）拿一条线绑住与菜粉蝶相似的白色纸片，拉住线不断地挥舞着纸片，雄菜粉蝶会飞来追赶，把它误认为雌蝶。

探寻原理

通过这个实验，我们知道雄性菜粉蝶是通过视觉来发现雌性菜粉蝶的，所以用与雌性菜粉蝶相似的白纸片能引诱到雄性菜粉蝶。

18.是谁在威胁苍蝇

难易指数：★★☆☆☆

一只苍蝇，一个放大镜，一把镊子。

实验方法

（1）把苍蝇用镊子小心地夹住。

（2）把苍蝇放在放大镜下面，仔细观察苍蝇的外表。

（3）你会看到，苍蝇的表皮有些苍白。过不了多久，它就会死亡。

秋天以后，有一种真菌会通过它的孢子传染给无数的苍蝇，并且在其体内生长，造成其死亡。不过也有极少数的雌性苍蝇能躲过这一威胁，安全度过冬天，等到第二年夏天又重新进行繁殖。苍蝇没有鼻子，但是在它的脚上却长有味觉器官。只要它飞到食物上，它就会用脚上的味觉器官去尝一尝食物的味道如何，然后再用嘴去吃。贪吃的苍蝇脚上经常会沾有很多的食物。它还会不时地把脚搓来搓去，目的就是要把脚上的食物搓掉。

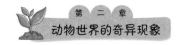

19.苍蝇的成长历程

难易指数：★★☆☆☆

一个1升的大广口玻璃瓶，一根橡皮筋，两根香蕉，一只丝袜。

（1）把香蕉剥掉皮后放进瓶子里静置3到5天。不要盖上瓶盖，然后每天都观察瓶子里的情况。

（2）其间，当你看到有几只苍蝇飞进瓶子里的时候，就用丝袜罩住瓶口，并用橡皮筋扎紧。

（3）然后继续将瓶子静置3天，然后将瓶子里的苍蝇全部放出来。再将丝袜罩住瓶口，用橡皮筋扎紧。

（4）接下来的两个星期，仔细观察瓶子。你会发现，瓶子里出现了四处爬动的蛆，然后这些蛆就会变成蛹，最后这些蛹就变成了苍蝇。

实验中，瓶中的香蕉会慢慢腐烂并发出臭味，苍蝇喜好腐烂的气味。闻到就会飞过去，然后将卵产在香蕉上。这些卵孵化后会变成蛆，蛆又会进化成蛹，蛹再变成成虫。这就是苍蝇的整个成长历程。

20.死而复生的苍蝇

难易指数：★★★☆☆

准备工作

一只活苍蝇，一个小盆子，一些清水，一些食盐，一个小碗，一把镊子。

实验方法

（1）在盆子里倒些清水。

（2）用镊子轻轻夹住苍蝇，放进水中浸泡几分钟，此时苍蝇看起来好像已经死了。

（3）用镊子夹出水中的苍蝇，放进小碗里。

（4）在小碗里撒些食盐，将苍蝇埋入食盐中。

（5）大约20分钟之后，苍蝇竟然“复活”了，从食盐中钻出来，并扇动翅膀飞走了。

探寻原理

实际上苍蝇掉进水中并没有死去，只是休克了。把苍蝇泡在水中，它们的身体、翅膀以及腿上有很多细小的呼吸管都会进水，各个器官得不到氧气。而食盐的结晶具有吸收水分的作用，因此能将苍蝇体内的水吸出来，从而使它“复活”。

21.小蝌蚪的“变身术”

难易指数：★★★☆☆

准备工作

一个大号玻璃瓶，一只小蝌蚪，一些河水，少量泥沙，几根水草。

实验方法

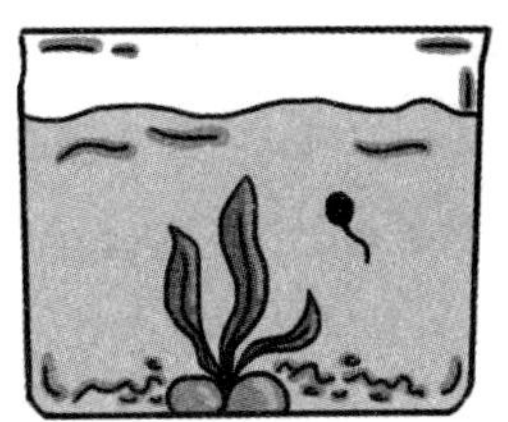

（1）在玻璃瓶中装一些河水，将泥沙和水草放到玻璃瓶中，再把小蝌蚪放进去。

（2）把玻璃瓶移到阳光充足但不直接照射的地方。

（3）一段时间后，再观察玻璃瓶中的小蝌蚪，你会发现，小蝌蚪已经变成了一只身披绿衣的青蛙。

小蝌蚪的“变身术”真神奇！

但是它们益虫的身份却没有变过呢！

探寻原理

每一种动物在成长过程中都会不断变化，而小蝌蚪只是青蛙生命周期的一个阶段。青蛙在水中产卵，蛙卵孵化成小蝌蚪。当小蝌蚪蜕掉细长的尾巴，长出四肢后就变成蹦蹦跳跳的青蛙了。

22.青蛙变色了

难易指数：★★★☆☆

三只体色差不多的青蛙，两个一样大小的大玻璃瓶，两块纱布，一些黑色纸，一些水。

实验方法

（1）在两个玻璃瓶中都倒入一些水，只要能没过杯底就行。

（2）把其中的两只青蛙分别放到玻璃瓶中，然后用纱布蒙住两个瓶口。

（3）把其中的一个玻璃瓶周围用黑色纸包裹住，移到阴暗的地方。

（4）把另外一个玻璃瓶移到阳光充足的地方，但不要被阳光直射。

（5）三四天之后，取出玻璃瓶中的两只青蛙，把这两只青蛙跟另外一只青蛙做对比。

（6）你会发现，三只青蛙的体色不一样了。没有放进玻璃瓶中的那只青蛙体色还是原来那样，但在用黑纸裹住的玻璃瓶中的青蛙的体色变得又暗又黑，而另外一个玻璃瓶中的青蛙的体色则变淡了。

探寻原理

青蛙的神经系统能感受外界光线的变化，而且能随着外界光线的变化而调节皮肤中黑色素细胞的分布。这些黑色素细胞既可以聚合在一起，也可以分散开来，就像试验中把青蛙放在暗处，黑色素细胞就会分散到整个皮肤表面，因此青蛙的皮肤看起来大面积地变黑变暗。而把青蛙放在光线充足的地方，黑色素细胞就聚集到一块，变成一个个的小黑点，而黑点之外的部分则变得很淡，整个体色看起来就是变浅了。

青蛙是益虫，完成这个实验后，记得一定要将这三只青蛙放生哦。

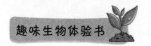

23.泥鳅的尾巴

难易指数：★★☆☆☆

两条泥鳅，一把剪刀，一个鱼缸，一些水，一把尺子。

（1）在鱼缸里放些水。

（2）用剪刀剪去其中一条泥鳅的尾鳍基部，把另一条尾鳍的尖端剪去，剪好后把它们放到鱼缸中。

（3）两天后，用尺子测量一下它们尾鳍的长度。你会发现，它们的尾鳍都生长了。从尾鳍基部剪去的鳍长得快，从尾鳍尖端剪去的则长得慢。

鱼鳍是可以再生的，并且它的再生能力与组织的生长程度有关。泥鳅的鳍刚被剪去不久生长得快，是因为刚剪去的时候生长部位是新组织，新组织生长得快。以后逐渐变成了老组织，生长速度就会变慢。但是实验过程中要不断给泥鳅添加饵料，适时加水，这样，它们才会比较顺利地完成鳍的再生。

24.过冬的鱼儿

难易指数：★★★☆☆

准备工作

一条养在鱼缸里的小鱼，一个广口玻璃瓶，一个小渔网，一个大碗，一些冰块，一个温度计，一块手表，一些水。

实验方法

（1）在瓶子里装一些鱼缸里的水，用渔网把鱼捞起来放进瓶子里。

（2）将瓶子静置半小时，其间仔细观察鱼儿的嘴和腮，记录下1分钟内鱼儿的嘴巴和腮打开、关闭了多少次。

（3）把瓶子放在大碗里。在大碗里放入半碗的冰块。然后在大碗里加满水后插入温度计。

（4）当温度降低了10℃时，再数一数1分钟内鱼儿的嘴巴和腮打开和关闭的次数，并记下来。最后对比前面的数据，你会发现，鱼儿的嘴和腮开闭的次数减少了。

探寻原理

动物体内的热量会随着周围环境温度的降低而流失，这就相当于是在消耗热量。所以，在这种情况下，动物就会减少运动或者使动作变慢，以此来储存热量。

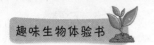

25.鱼儿的年龄

难易指数：★★☆☆☆

准备工作

一把放大镜，一些鱼鳞，一张黑色的纸。

实验方法

（1）把鱼鳞晒干。

（2）鱼鳞晒干后放到黑纸上。

（3）把鱼鳞放在放大镜下，观察鱼鳞上的条纹。

（4）数出较宽、颜色较浅的条纹数目。

探寻原理

你数出的较宽、颜色较浅的条纹数目就是鱼的年龄大小。就像树的年龄一样，鱼鳞的条纹也能指示鱼的年龄。天气暖和的季节，因为饵食极为丰富，鱼会快速生长，所以鱼鳞的条纹就会较宽，颜色也会较浅。但是在寒冷的冬天，鱼的生长速度较慢，鱼鳞的条纹也会较窄，颜色也会较深。而且不同种类的鱼，鱼鳞上的条纹形状也会有差异。

26.跳出鱼缸的鱼

难易指数：★★☆☆☆

准备工作

一个养着鱼的鱼缸，一张桌子，一些有颜色的涂料。

实验方法

（1）把养着鱼的鱼缸放在桌子上，仔细观察一阵儿。你会看到，鱼缸中的鱼总是会往鱼缸外跳。

（2）在鱼缸的周围涂上一些有颜色的涂料，再仔细观察。你会发现，鱼不再往外跳了。

探寻原理

为什么将鱼缸的周围涂上颜色之后，鱼就不再跳了？这是因为，鱼缸里的鱼，透过透明的鱼缸向外看，会觉得外面透明的空气就是水，而且觉得外面的水比鱼缸里的更清澈，因此它们才想跳出来。而当我们把鱼缸涂抹上颜色后，透明的鱼缸就变成了不透明的，因此它们看不见外面的空气，就不会想着外面的“水”更清澈了，自然也不会再有跳出鱼缸的想法了。

27.金鱼的条件反射

难易指数：★★★☆☆

准备工作

一个有金鱼的鱼缸，固体不漂浮的鱼食，一个红色小碟子，一个黑色小碟子，一根筷子。

实验方法

（1）取一些鱼食放到红色小碟子中，然后放到鱼缸中，过一会儿会有金鱼来此取食。

（2）连续放几次食物后，你会发现，只要你一放进这个红色的小碟子，无论里面有没有食物，金鱼都会游过来。

（3）取一些鱼食放到黑色的小碟子中，放到鱼缸内，等金鱼过来吃食时就用筷子驱赶它们。连续几次后，你又会发现，金鱼一看到黑色小碟子，就会四处逃窜，避而远之。

探寻原理

这是金鱼的条件反射现象。实验中，金鱼每次看到红色小碟子里有食物，并可以获得，这样就形成了条件反射，所以红色小碟子出现时，它们就会游过去，而不管里面有没有食物。同样的道理，当金鱼看到黑色小碟子，就会有被筷子驱赶的条件反射，所以它们一看到黑色小碟子就会赶紧远离。

28.金鱼和水草相依

难易指数：★★★★☆

准备工作

两条金鱼，两根水草，3个带盖的大玻璃杯，一些干净的河水或池塘水，一些泥沙，一些胶带。

实验方法

（1）在3个玻璃杯中都装入2/3杯水和适量的泥沙。

（2）在第1个玻璃杯中放入1根水草，在第2个玻璃杯中放入1条金鱼，在第3个玻璃杯中放入1根水草和1条金鱼。

（3）把3个玻璃杯都盖上盖子，并用胶带密封，以防漏气。

（4）将玻璃杯移到阳光充足、但又不被阳光直接照射的地方，仔细观察3个杯子中的情况。

（5）一段时间后，你会发现，金鱼和水草放在一起的玻璃杯中，水草和金鱼都正常地活着，而其他两个玻璃杯中的水草和金鱼都死了。

探寻原理

在密封的玻璃杯中，金鱼的呼吸和排泄物为水草提供了二氧化碳和养分。水草又利用阳光、金鱼呼出的二氧化碳和水进行光合作用，产生有机物，释放氧气，这为金鱼的生存提供了必要条件。水草和金鱼是相互依存的，所以，它们一起存活了下来。

29.复活的小龙虾

难易指数：★★★☆☆

准备工作

一只小龙虾，一个碗，冰箱，一个吹风机，一些水。

实验方法

（1）在碗中倒入大半碗水，再把小龙虾放到碗中。

（2）把碗放入冰箱中冷冻，直到水变成了冰，小龙虾被冻在了冰中。

（3）拿出冰箱中的碗，然后用自来水冲刷，不一会儿，碗中的冰块被冲出了一个大窟窿，并且冰块也慢慢化开了。

（4）慢慢地拿起小龙虾，然后用吹风机的热风将它烘干。

（5）没过多久，小龙虾便开始抖动它的八只脚了，随后又蠕动身体，完全活过来了。

探寻原理

小龙虾是一种冬眠动物，当它冬眠时，血液便停止了循环，直到温度变暖了才会苏醒过来。当小龙虾被冰冻时，周围的温度下降，它就进入了冬眠的状态。而解冻后，用吹风机的热风将它吹干时，周围的温度就会急剧上升，当达到一定程度后，它又会苏醒过来。

30.青蟹变红的原因

难易指数：★★☆☆☆

准备工作

几只活蟹，一口锅，一个燃气灶台，一些自来水。

实验方法

（1）仔细观察活蟹的颜色，它们全是青灰色的。

（2）往锅里加入适量的水。

（3）把蟹放进锅里。

（4）把装着活蟹的锅放在燃气灶上煮几分钟。

（5）几分钟后关掉燃气灶，再打开锅盖，你会发现，锅中的蟹全部变成了红色的。

探寻原理

蟹的外壳中有很多的色素，而这些色素大多数都是青灰色的，所以我们看到的活蟹是青灰色的。而把蟹放进锅里煮过之后，这些色素在高温的情况下都被破坏了，只剩下了不怕高温的红色素，因此，蟹就呈现出了红色。

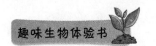

31.被蒙住眼睛的蚂蚱

难易指数：★★★☆☆

准备工作

一只蚂蚱，一个鞋盒，一瓶黑墨水，一些胶布。

实验方法

（1）用墨汁将鞋盒的内壁全部涂黑。

（2）用剪刀在鞋盒的一侧开一个比蚂蚱略大些的洞。

（3）用剪刀剪两块胶布，并将蚂蚱的两只大眼睛贴牢。

（4）把蚂蚱放进鞋盒里，再盖紧鞋盒盖子。一会儿，你会发现蚂蚱从小洞里爬了出来。

（5）再用剪刀剪一条狭长的胶布，并用它将蚂蚱两眼之间的三个小小隆起处贴住。

（6）再把蚂蚱放入鞋盒内。过了很久，蚂蚱也没有爬出来。

探寻原理

蚂蚱有两只复眼和3个单眼，复眼是它主要的视觉器官，能识别物体的形象。而在两只复眼之间隆起的部分，就是它的单眼。单眼是辅助性的视觉器官，能辨别明暗。当蚂蚱的复眼被蒙住，它还能靠单眼来辨别明暗，找到小洞。如果单眼也被蒙住了，蚂蚱的视觉就完全丧失了，也就无法找到小洞出来了。

32.蟋蟀的叫声

难易指数：★☆☆☆☆

准备工作

一只蟋蟀，一个秒表，一个玻璃瓶，一条手绢，一根橡皮筋。

实验方法

（1）把蟋蟀放进瓶子里，用手绢罩住瓶口，并用橡皮筋绑紧。

（2）用秒表限定15秒时间，在15秒内数数蟋蟀叫了多少次。

（3）将蟋蟀叫的次数加上40，再重复几次刚才的实验。做完实验后，将蟋蟀放归大自然。

探寻原理

其实，将15秒内蟋蟀所叫的次数再加上40，所得的数值就是蟋蟀周围环境当时的华氏温度。自然界中，许多动物的活动都会被温度所影响。天气寒冷时，动物的动作常常会变得很迟钝；而天气温暖的时候，动物又会活跃起来。而蟋蟀叫的次数就是气候寒冷时少，温暖时多。

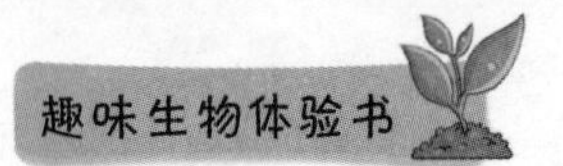

33.爬出地面的蚯蚓

难易指数：★★★☆☆

准备工作

一个盆子，一些泥土，三条蚯蚓，一些小砂石，一个杯子，一些水。

实验方法

（1）在杯子里装入半杯小砂石，再往里倒水，直到将砂石淹没为止。你会看到，杯子里开始有气泡冒出，不一会儿就没有了。

（2）把蚯蚓和泥土装入盆子，让蚯蚓待在泥土里面。过了一会儿，蚯蚓依然在泥土里面，没有钻出来。

（3）往盆子里倒水，直到泥土刚好被水淹没。你会看到，盆子里也有气泡冒出，不一会儿，蚯蚓就钻出泥土表面来了。

探寻原理

实验中，盆子里和杯子里出现的气泡，是我们往杯子里倒水时，将砂石或泥土中的空气挤出来的缘故。当我们不断往里倒水直到泥土中的空气变少直至为零时，蚯蚓就会爬到泥土表面上来呼吸。同理，当下暴雨地面积水时，蚯蚓为了获取空气，就会钻出泥土，爬到地面上来。

34.蚯蚓的视力太差了

难易指数：★★★☆☆

准备工作

两条蚯蚓，一根葱，一条彩色的丝带，一块湿热板。

实验方法

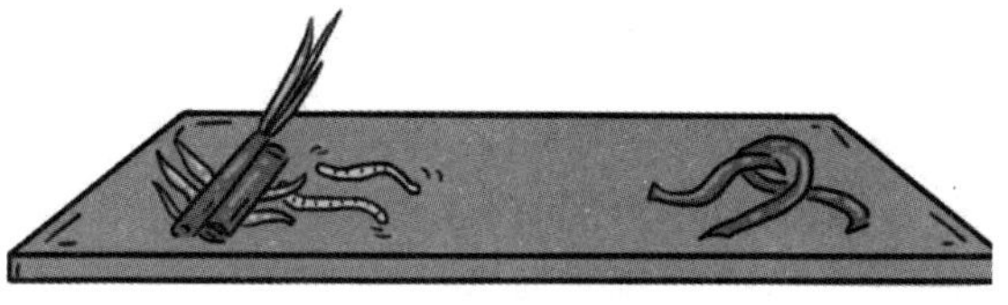

（1）把两条蚯蚓放在湿热板上。

（2）在蚯蚓的两侧分别放上一根葱和一条丝带，然后仔细观察蚯蚓的动向。

（3）过了四五分钟，你会看到两条蚯蚓都同时朝着葱的方向慢慢扭动，最后都钻到葱的底下去了。

蚯蚓能看清东西吗？

蚯蚓长期生活在土壤中，几乎见不到一丝阳光，所以它们的视力逐渐退化了。

探寻原理

蚯蚓有非常灵敏的嗅觉器官，能够用来辨别方向和探路。所以，当它们闻到葱味时，就会沿着气味的方向前进，最终钻到葱底下去了。

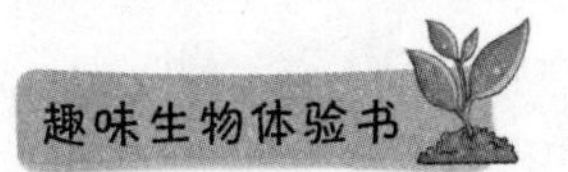

35.受到刺激的蚯蚓

难易指数：★★★☆☆

准备工作

一个蚯蚓，一张纸巾，一团棉球，一个镊子，一瓶消毒酒精，一些清水。

实验方法

（1）用水弄湿纸巾，然后把纸巾小心地平摊开来。

（2）将蚯蚓放到纸巾上。

（3）将棉球蘸点酒精，然后用镊子夹住棉球，放到蚯蚓身体的各个部位附近，看看蚯蚓会有什么反应。

（4）你会发现，带酒精的棉球无论靠近蚯蚓身体的哪一部位，它都会逃走。

探寻原理

实验中的结果说明蚯蚓对带酒精的棉球有反应，为什么会这样呢？蚯蚓的神经系统能够对刺激性气味作出反应。蚯蚓的大脑在身体的前端，但是粗大的神经索则从大脑一直延伸到身体的另一端。蚯蚓身体每个环节的活动也都有神经节在控制，所以无论蚯蚓哪一个部位受到刺激，它都会有反应。

36.不受鸟儿青睐的蚯蚓

难易指数：★★☆☆☆

一只鸟儿，一个鸟笼，各种不同的蚯蚓。

实验方法

（1）将鸟儿放进笼子里。

（2）再把蚯蚓放进笼子里，观察鸟儿会先吃什么样的蚯蚓。

（3）过一会儿，观察鸟笼中的情况，你会发现里面大多数蚯蚓都被鸟儿吃掉了，剩下的基本都是身上带有橙色“腰带”的蚯蚓。

带橙色“腰带”的蚯蚓，中间除了有虫卵之外，还有很多的毒素，鸟吃了之后很容易生病，所以鸟儿不吃这种蚯蚓，而蚯蚓也是用这种方式来躲避危险的。

蚯蚓像壁虎一样，也能抛弃身体的一部分来逃生。例如当蚯蚓被抓住身体的一头时，它们的另一头就会拼命地向地下钻，如果上面的部分被扯断了，它们就会将剩余的身子缩进土中，过不了多久，蚯蚓又会重新长出一段身子来。

37.蚯蚓的头和尾

难易指数：★★★★☆

一条蚯蚓，一节电池，两根导线，一些胶带，一张废报纸，一些水。

（1）剥去导线两端2毫米长的绝缘表皮。

（2）用胶带把一根导线的一端粘在电池的正极上，另一根的一端粘在负极上。

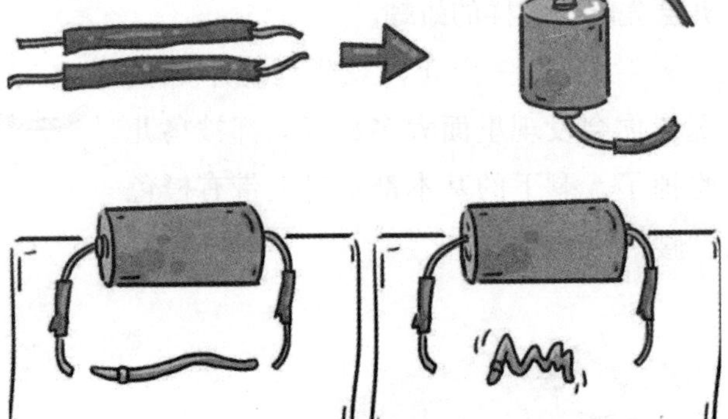

（3）将报纸折成边长长于蚯蚓的长方形。

（4）在报纸上洒些水，使报纸完全湿透。

（5）把蚯蚓放在报纸的正中央。

（6）用于与电池负极相连的那根导线接触报纸上与蚯蚓右端距离为2毫米的地方，用于与电池正极相连的那根导线接触报纸上与蚯蚓左端距离为2毫米的位置，此时蚯蚓伸展自如，但换个方向，则收缩成锯齿状的一团。

探寻原理

蚯蚓能通过电流准确地判断出自己的处境。当蚯蚓的头部与电池的正极相连，尾部与电池的负极相连时，它会感觉到危险，将自己收缩起来。相反，当我们把电极调换，它就会感觉到安全，让自己伸展自如。从实验中我们也能判断出，蚯蚓的头部在右端，尾部在左端。

蚯蚓能够在一定程度内消除环境污染。因此，近年来，许多国家都成立了蚯蚓养殖工厂，并把蚯蚓养殖工厂称为“环境净化装置”。由于蚯蚓能够吸收土壤中的汞、铅和镉等微量金属，这类金属元素在蚯蚓体内的聚集量为外界含量的10倍。因此，有些科学家认为蚯蚓可作为土壤中重金属污染的监测动物。

38.追踪蜗牛

难易指数：★★☆☆☆

准备工作

可剥落的指甲油，一个花盆，一些小石块。

实验方法

（1）寻找一窝群居的蜗牛。你会发现它们在石头、砖头或圆木下聚成一堆。

（2）挑选十只蜗牛，并在它们的壳上涂一点指甲油。

（3）收集起做好记号的蜗牛，把它们都放在附近一个倒扣的花盆下面。用一块石头垫在花盆的边沿，以便蜗牛们可以慢吞吞地蠕动出来。

（4）第二天清晨，再去看这些蜗牛，它们是不是还在花盆下面呢？

探寻原理

蜗牛的种类很多，遍布全球。它们喜欢聚居生活，而且具有惊人的生存能力，对冷、热、饥饿、干旱有很强的忍耐性。蜗牛的觅食范围非常广泛，主食各种蔬菜、杂草和瓜果皮。蜗牛的生活方式为晚上各自去觅食，白天懒洋洋地聚居在一起。

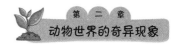

39.刀片上爬行的蜗牛

难易指数：★★★☆☆

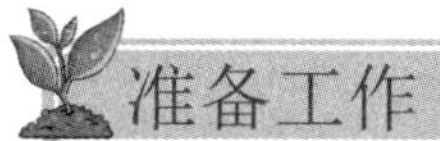

准备工作

一只蜗牛，一个锋利的刀片，一块透明的玻璃片。

实验方法

（1）手拿刀片垂直放置，然后把蜗牛放在刀刃上面。

（2）你会看到，蜗牛会在上面慢慢爬行，没有受到一点伤害。

（3）再把蜗牛放在玻璃片上，让它爬行。你会看到，蜗牛爬过的地方会有一道痕迹，同时还能观察到它正以均匀的速度向前移动着。

探寻原理

蜗牛的脚上有很多腺体，它们会向外排泄一种黏液。实际上蜗牛并不是用身子行走的，而是在黏液中滑动前进的。所以，无论让蜗牛在多么锋利的刀片上行走，它也不会受到任何的伤害。蜗牛足下分泌的黏液，不仅能降低摩擦力以便于行走，还可以防止蚂蚁等一般昆虫的侵害。

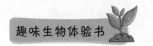

40.蚂蚁爱吃糖

难易指数：★☆☆☆☆

准备工作

一些蚂蚁，一小杯糖水，一小杯糖精水。

实验方法

（1）找一个蚂蚁经常出没的地方。

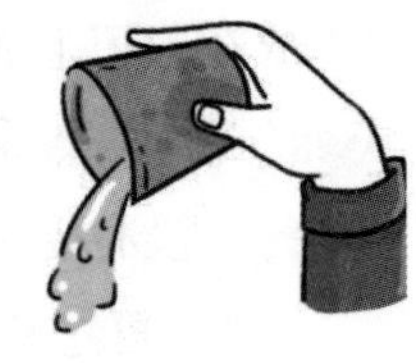

（2）把糖水和糖精水分别滴在这个地方的两边，然后静候着仔细观察。

（3）过一会儿，你会看到，好多蚂蚁爬向了滴糖水的地方，而滴糖精水的地方则没有1只蚂蚁光顾。

探寻原理

蚂蚁之所以会选择糖水，是因为糖水中天然糖的分子更适合蚂蚁的味觉感受器。这个感受器在蚂蚁的触角上，蚂蚁通过触角上的感受器来触摸食物、品尝食物和嗅气味。而糖精里含有的是人工甜味剂，蚂蚁无法感受到，所以就没有蚂蚁爬过去。你们知道吗？蚂蚁在洞穴里如果缺少糖分，对它们的生长发育很不好，所以蚂蚁一旦发现甜的东西，它们的触角就会自主地硬起来。

41.蚂蚁是胆小鬼吗

难易指数：★☆☆☆☆

一群蚂蚁。

（1）找一个蚂蚁洞，对洞口的1只蚂蚁呼气，耐心地观察，不一会儿，蚂蚁开始惊恐不安起来了。再过一会儿，一群蚂蚁惊恐不安地在洞口来回爬动。

（2）两分钟之后，停止对蚂蚁呼气，蚂蚁又迅速地恢复了正常的活动。

（3）再重复几次这个实验，你会发现蚂蚁的表现都是一样的。

蚂蚁的触觉非常灵敏。当我们对它们呼气的时候，呼出的二氧化碳会对蚂蚁造成一定的威胁。然后它们会用一种特殊的方式互相传递这种信号，其他的蚂蚁收到信号后就会感到惊恐不安。当我们停止对其呼气时，蚂蚁的这种感觉就消失了，自然也就恢复了正常的活动。

42.摔不死的小蚂蚁

难易指数：★☆☆☆☆

一只蚂蚁，一张白纸。

（1）在地上铺一张白纸。

（2）把蚂蚁放在手中高高举起，然后放开手，让蚂蚁摔在白纸上。

（3）仔细观察蚂蚁，你会发现，蚂蚁安然无恙，并没有受伤的痕迹。

物体在下落的时候都会受到空气阻力的作用。物体越小，其表面积大小与重力大小的比值就越大，阻力就越容易与重力平衡。摔下来的蚂蚁没有受到伤害是因为蚂蚁在下落的过程中，受到的空气阻力与重力接近于平衡，所以下落的速度才会很慢，以至于不会被摔死。

43.不会迷路的蚂蚁

难易指数：★★☆☆☆

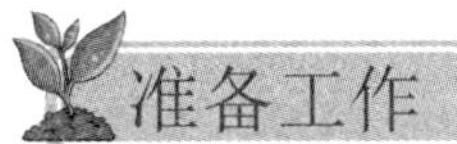

准备工作

一只蚂蚁，一根小木棍。

实验方法

（1）抓一只蚂蚁，然后把它放在离蚁巢2米远的地方，你会发现，过不了多久蚂蚁就爬回了蚁巢。

（2）在蚂蚁爬行的路线上，横放一根木棍阻断路线。

（3）再把蚂蚁放到第一次放置的地点，你会发现，蚂蚁绕了好大的1个圈后才回到蚁巢。

探寻原理

蚂蚁有非常敏锐的视觉，它能用陆地上的景物来认路。而且它还能利用太阳的位置和蓝天上照射下来的日光来辨认回巢的方向。其次，有些蚂蚁能在它们爬过的地方留下一种气味，在返回时，只要追寻着这种气味，就能找到家。还有一些蚂蚁不会在爬过的路上留下什么特殊的气味，但是它们能够熟记往返路上的天然气味，所以也不会迷路。

44.微波炉中的蚂蚁

难易指数：★★☆☆☆

准备工作

一台微波炉，一个小碟子，一些小块的软糖。

实验方法

（1）在碟子里铺满软糖。

（2）将微波炉的转盘拿掉，将小碟子放进微波炉中。

（3）打开微波炉的通电开关加热一会儿。

（4）打开微波炉，取出碟子，发现碟子中的软糖有的已经融化了，但是有的还是坚硬的，甚至有的还是凉的。

探寻原理

微波炉微波驻波的能力密度分布其实是不均匀的，这跟我们放进食物的位置及性质有关。调皮的蚂蚁有时会钻进微波炉，但却不会被烧伤，是因为当我们开动微波炉的时候，微波炉内的蚂蚁能分辨哪里热哪里不热，所以它能躲避到不热的位置，自然在微波炉中转动时也不会被加热烧伤。

45.蜘蛛的判断力

难易指数：★★☆☆☆

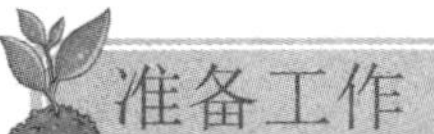

准备工作

一根线，两把椅子。

实验方法

（1）在两把椅子的扶手顶端用一根线绑住连接起来，移动椅子，将线拉直。

（2）让自己和小伙伴分别站在线的两端，并让小伙伴背对着自己。

（3）把手指轻轻放在线上，并让小伙伴用不同的力度拨动这根线。而你用线上的手指去感受对方力度的大小。

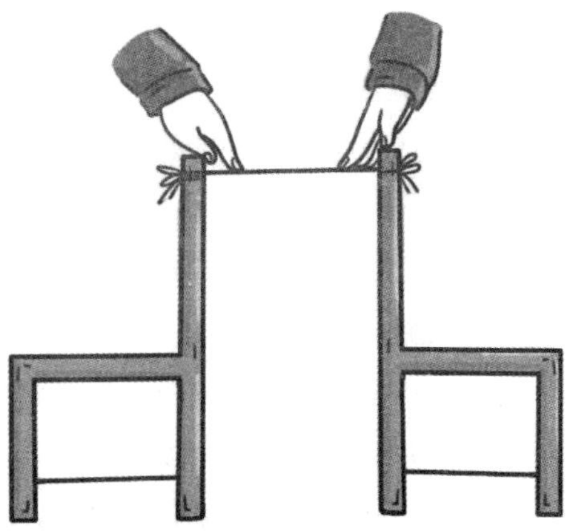

探寻原理

在线上的一点摇晃，整条线都会振动起来。如果只是轻轻地拨动线，线只会产生轻微的振动；如果用力地摇动，就会使整条线晃动起来。同理，蜘蛛网也是这样。蜘蛛会凭借脚上的感觉毛来判断动静，当蜘蛛网摇晃得相当微弱时，蜘蛛不会有任何反应；当出现中等程度振动时，蜘蛛便知道掉落在网上昆虫的大小正适合自己吃，并会立即赶往振动的地方。但是如果振动很厉害时，就有可能是蜘蛛敌不过的敌人落在网上，蜘蛛就会赶紧躲藏起来，或者是将丝咬断赶快逃跑。

46.不一样的蜘蛛网

难易指数：★★★★☆

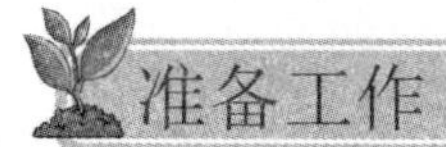

准备工作

几张不同种类的蜘蛛网，一瓶颜色明亮的喷雾式油漆，一瓶发胶，一把剪刀，几张白纸。

实验方法

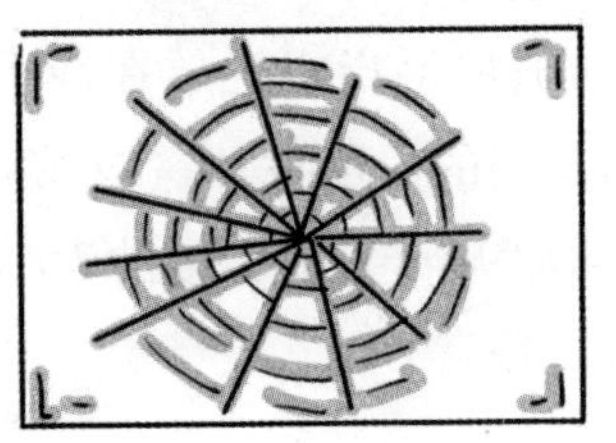

（1）当蜘蛛不在蜘蛛网上时，朝蜘蛛网喷射油漆。

（2）在白纸上喷满发胶，喷完后立刻把它贴在蜘蛛网上。

（3）用剪刀把超出白纸以外的蜘蛛丝剪断，剪好后再把白纸平铺放置。

（4）用同样的方法获取其他不同种类的蜘蛛网。

（5）等纸和蜘蛛网都变干后，把它们进行比较，看图案是否一样。

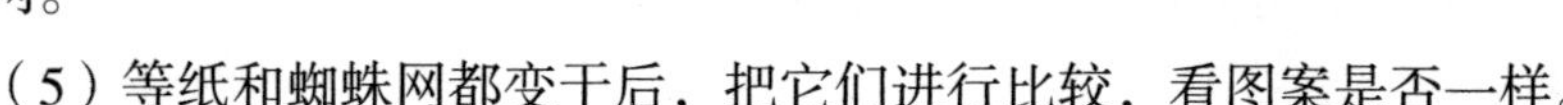

探寻原理

蜘蛛天生就会结网，这是它们与生俱来的一种能力。而且种类相同的蜘蛛所编织的蜘蛛网的图案都一样，种类不同的蜘蛛所结的蜘蛛网都不一样。

47.动物的保护色

难易指数：★★★☆☆

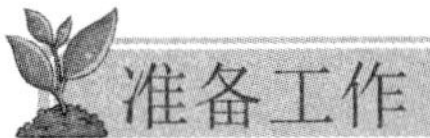

准备工作

一张白纸，一张橙色的玻璃纸，一支黄色的水彩笔。

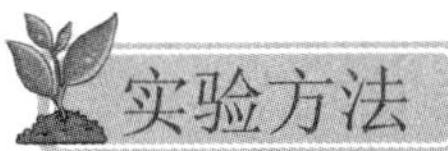

实验方法

（1）用黄色水彩笔在白纸上画一条金鱼。

（2）画完之后用橙色玻璃纸盖在所画的金鱼上。你会发现，金鱼看不见了！

探寻原理

由于橙色里包含黄色，所以玻璃纸的橙色和金鱼的黄色相混合时，我们的眼睛就辨别不出黄色的金鱼了。

动物外表的颜色与周围的环境相类似，这种颜色称为保护色。自然界里有许多生物就是靠保护色避过敌人，在生存竞争当中保护自己的。而且许多动物都能按照周围条件的变化来改变保护色的色调。例如银鼠，在春天，它会换上一身红褐色的新毛皮，使自己的颜色和从雪里裸露出来土壤的颜色混成一片。等到冬天到了，它们又会穿上雪白的冬衣，以便隐藏在雪地里。

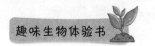

48.体验保护色的作用

难易指数：★★★☆☆

各种颜色的吸管各一根，一把剪刀，一段黑色的绳子，一个卷尺，一片绿色的草坪。

实验方法

（1）用剪刀把各种颜色的吸管都剪成1厘米的小段，每种都剪出15段。

（2）用绳子在草坪上围出一个边长约5米的正方形。

（3）把剪成的吸管小段均匀地撒在围出的正方形草坪内。

（4）在3分钟内快速地找寻并捡起草坪内的吸管段。在这过程中你会发现，有些颜色的吸管段很容易被发现，而有些颜色的吸管段则不容易被发现。

实验中，你会发现绿色吸管段与和草的影子颜色相似的吸管段都不容易被发现。

跟上述实验原理相类似，很多动物就是利用自己身体和周围色彩相似的特点来躲避敌人，保护自己不受伤害的。

49.洗涤剂对水禽的影响

难易指数：★★★☆☆

一个1升的透明玻璃碗，一个250毫升的量筒，一些洗衣粉，一些食用油，一把小勺，一些自来水。

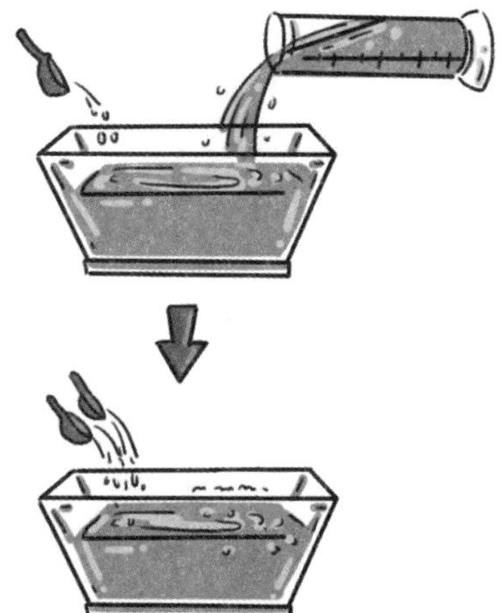

（1）把一量筒水倒入玻璃碗中，再加入一茶匙的食用油。观察发现油在水面上产生很大的圆圈，并且在水面上不断地扩大。

（2）接着在水中撒入两小勺洗衣粉，再轻轻搅拌防止液体产生泡沫。

（3）仔细观察液体的表面，发现一部分油圈会消失了，剩下的油分散成了小泡沫浮在了水面上。

水和油无法混合，并且水比油重，所以油会浮在水面上。而洗衣粉会让它们相互混合。水禽羽毛的表面有层防水的油脂，所以能够浮在水面上。但当它们进入含有高浓度洗涤剂的水域时，羽毛上的天然油脂就会变成小颗粒，水就会渗透到羽毛里，浮在水面上的水禽就会变得很重，容易被水淹没甚至死去。

50.塑料物品对海洋生物的影响

难易指数：★★☆☆☆

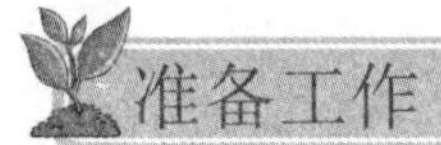

一根橡皮筋。

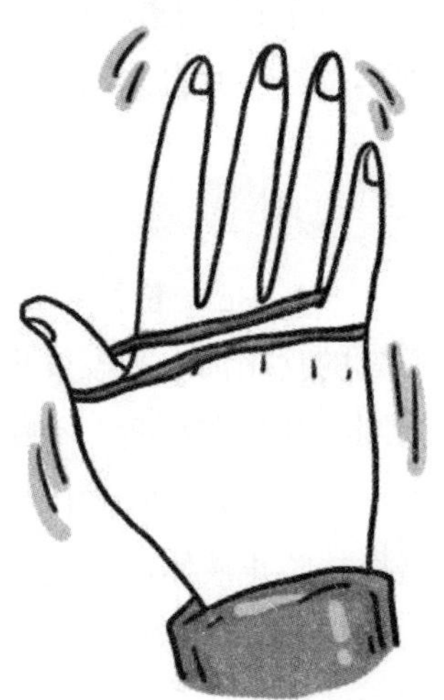

实验方法

（1）张开一只手，在手背上，把橡皮筋的两端分别勾在小指和拇指上。

（2）不要借助外力，想办法挣脱掉手上的橡皮筋。

（3）5分钟后，你挣脱掉橡皮筋了吗？实际上这样挣脱掉手指上的橡皮筋是非常困难的。

与上面实验相同的是，海洋生物要想将套在自己身上的塑料圈摆脱掉也是非常困难的。所以各类塑料制品对海洋动物都是致命的。例如海龟会误把塑料袋当成海蜇，而一口将其吞下，以致消化道被塞住而死亡。那些身体被塑料物品缠住的海洋动物，通常都因为无法挣脱缠在身上的塑料物品最后悲惨地死去。所以为了保护海洋生物，一定不能把这些塑料垃圾排入海洋中。

第三章
体验奇妙的身体旅程

1.会响的手指关节

难易指数：★☆☆☆☆

准备工作

伸出你们的手指。

实验方法

（1）用一只手拉动另一只手的手指。

（2）你会听到手指关节发出“咯咯”的声响。

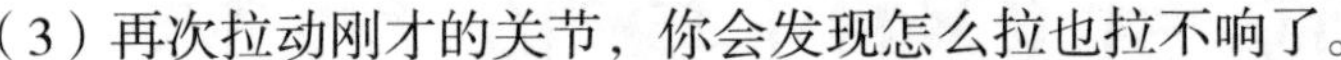

（3）再次拉动刚才的关节，你会发现怎么拉也拉不响了。

真好玩啊！

温和、有规律地活动指关节是有益的，但是粗暴地拉拽出声响，肯定会损伤关节。

探寻原理

因为在关节周围分布的液体中含有少量气体。当关节被拉动的时候，液体受到的压力减小，溶解在液体中的气体就会跑出来，并发出响声。一次气泡冒出后气体无法排出，只有经过10～20分钟后，气体才会重新溶于液体，再拉关节，才能再次发出响声。

2.不一样的无名指

难易指数：★☆☆☆☆

动用你的无名指。

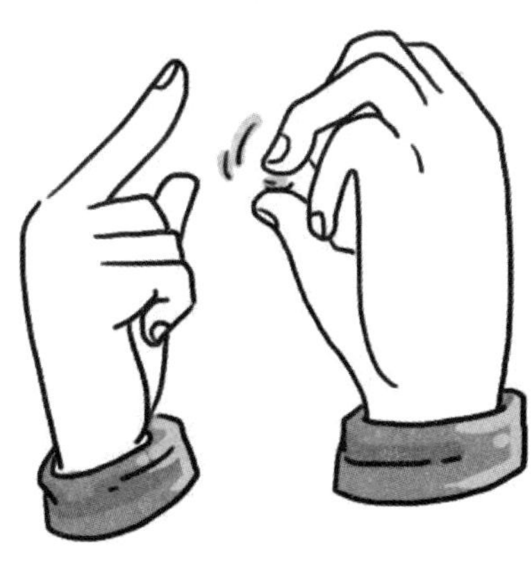

（1）伸出你的一只手，把手握成拳头，展开后，让无名指自由地弯曲。

（2）用另外一只手的某根指头弹击一下无名指，你会发现其他手指都是紧绷的，但无名指却在自由地振动着。

为什么只有无名指在振动呢？

我来告诉你这个实验的原理吧！

每个人的身体里，肌腱连接着每一块肌肉，韧带连接着每一块骨骼。当无名指处于自然弯曲状态时，无名指中的韧带和肌腱就会比较放松，手指的关节与关节之间也比较放松，此时，如果受到外力的作用，无名指就会振动。虽然其他手指也会有这样的反应，但是都不会有无名指这么明显。

3.无名指夹硬币

难易指数：★★☆☆☆

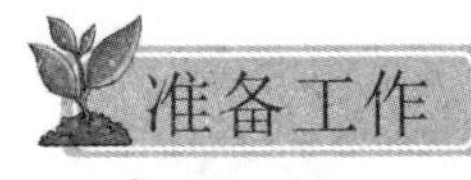

准备工作

一枚硬币。

实验方法

（1）把双手无名指指尖儿相对，然后让其他手指弯曲后碰在一起。

（2）把硬币放在无名指指尖儿的中间夹住。

（3）不要错开手指，然后尽力把硬币扔下来。

（4）你会发现，无论你使多大的劲儿都无法让硬币掉下来。

探寻原理

韧带把无名指与其他手指连在了一起，特别是中指，如果中指不动，无名指根本动不了。所以，无名指想独立于其他手指而单独运动是无法做到的，扔硬币就更不可能了。

4.手指竟然有这么大力量

难易指数：★★☆☆☆

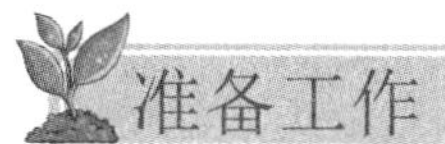

准备工作

两把椅子。

实验方法

（1）自己坐在椅子上，叫一个朋友用他用手指顶住你的额头。

（2）然后自己试着站起来，不能向左右挪动，只能向前站。

（3）你会发现，无论你的朋友怎么用力，你都无法站起来。

只用一个手指是怎么做到的呢？

原理其实很简单哦！

探寻原理

当你坐在椅子上的时候，想要站起来，上半身必须是向前倾斜的。但是额头被手指按住时，身体无法向前倾斜，所以是无法站起来的。

5.手指也能当放大镜

难易指数：★★☆☆☆

一张报纸。

（1）将一只手的食指与拇指圈成一个铅笔杆大小的圈。

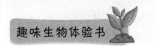

（2）另一只手拿着报纸慢慢靠近眼前，直到报纸上的字看起来刚好有些模糊。

（3）闭上一只眼睛，用另一只眼睛透过拇指和食指圈成的小洞来看报纸上的字。你会发现，能看清报纸上原来模糊的字了。

报纸会反射光线到我们的眼睛里，让我们能看到上面的字。但是报纸慢慢靠近眼睛时，越来越多的光会从各个方向反射入眼睛，以致字看上去显得模糊。当你闭上一只眼睛后，瞳孔接收的光线变少，再用手指圈成的小洞来挡住眼睛周围，就可以阻挡大部分的光线。因为只有少量的光进入眼睛，所以实物会在视网膜上形成较清晰的影像。

6.手指失去知觉了

难易指数：★☆☆☆☆

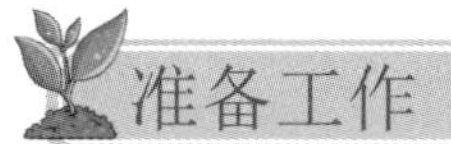

准备工作

一块干净的布，冰块，一支铅笔。

实验方法

（1）用布蒙住眼睛。

（2）用拇指、食指和中指夹住小冰块儿，如果冰块儿很快融化，就再换一块冰。

（3）两分钟后，用笔尖轻轻戳其中一个指头。你会发现，手指毫无痛感，甚至感觉不到铅笔在戳指头。

探寻原理

冰块儿冷却了指尖儿上的皮肤，而为了避免受冻，身体会做出相应的反应，就是让冰块接触的皮肤变得麻木。于是触觉神经感受器不再向大脑发送有关信息。大脑也无法再接收到触觉神经发出的信息，所以用铅笔戳指头时，你感觉不到痛了。

7.用指纹破案

难易指数：★★★☆☆

准备工作

印泥，一个玩具杯子，一张白纸，一支彩笔，一个放大镜。

实验方法

（1）让几个小伙伴在拇指上蘸上印泥后再去拿放在桌子上的玩具杯子，让他们的指纹留在玩具杯子上。

（2）在一张纸上画几个方框，让几个小伙伴把拇指按在一个方框里，来回轻轻压一压。这样就收集到了他们的指纹，并在方框旁边写上他们的名字。

（3）用放大镜观察玩具杯子上和纸上的指纹，分辨指纹的图案，看看是否能查出谁拿了哪个玩具杯子。

（4）结果你很快就能找出谁拿了哪个玩具杯子。

斗形

右箕形

左箕形

弓形

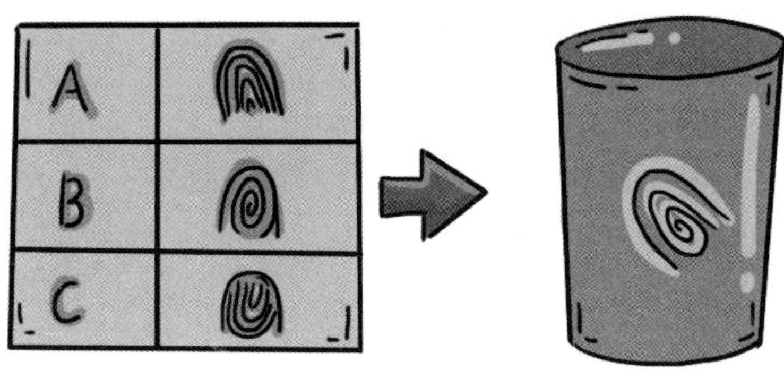

指纹是我们手指末端指腹上由凹凸的皮肤所形成的纹路，也可以指这些纹路在物体上印下来的印痕。每个人的指纹都是不一样的，指纹大致可以分成右箕形、左箕形、弓形、斗形四个类型。当我们的手指接触到物品时，通常会在该物品上留下指纹，这些印痕经常在犯罪科学、法医学上被当作证据。

8.不听指挥的左右手

难易指数：★★☆☆☆

准备工作

一张桌子。

实验方法

（1）右手握成拳状，让它敲击桌子。

（2）左手张开用手掌摩擦桌子，然后两只手保持这个动作。

（3）两只手做了一段时间各自的动作后，让朋友发令："左右手交换彼此的动作。"

（4）但是在听到指令后，两只手却开始做同样的动作了。

探寻原理

我们习惯于双手在同一时间做相同的动作。但是左右手在同一时间内一直做不同的动作，突然需要交换动作，大脑一时难以反应过来，于是无法完成交换动作。但多练习几次，就能在听到口令后及时让左右手交换动作了。

9.手能吸起瓶子

难易指数：★★☆☆☆

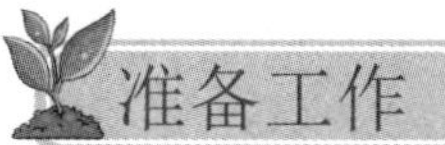

一个空酸奶瓶，热水。

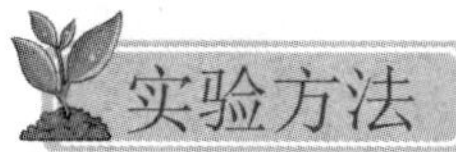

（1）把热水倒进空酸奶瓶里，用布裹住瓶身后拿起来摇一摇。

（2）倒掉瓶里的热水，用手严密地压住瓶口一段时间。

（3）等瓶子冷却下来后抬起手。瓶子像被吸附在磁铁上的铁制品一样紧紧地贴在手上了。

虽然瓶子贴在了手上，但事实上，瓶子是被压在手上的。当往瓶内倒热水时，水蒸气会充满瓶子，瓶内原来的空气会被挤出。过了一段时间，瓶子冷却了，水蒸气也冷却凝结成了水珠，于是瓶内气压下降，并且会大大低于正常大气压，受大气压的挤压，瓶子便紧紧地贴在手上了。

10.变短的手臂

难易指数：★★☆☆☆

你的两只手臂。

（1）向前伸直双手，你会发现两只手臂是一样长的。

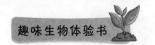

（2）让一只手臂做剧烈的水平屈伸运动，另一只手臂继续保持水平伸直状态。

（3）大概做30次的水平屈伸运动后，再把这只手臂伸直，你会发现，这只做过运动后的手臂要比之前短几厘米。

手臂是由骨头、肌肉、韧带等组成的，当手臂做了剧烈的屈伸运动后，韧带和肌肉会暂时收缩，并且人体的关节处或多或少存在一些空隙，运动后空隙会暂时性地缩小。所以，运动后手臂会变短。不过一段时间后，手臂又会自动恢复它原有的长度。

11.自己举起来的手臂

难易指数：★★☆☆☆

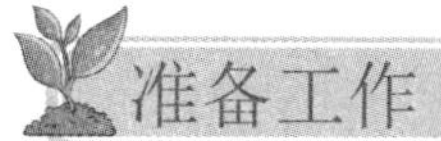

准备工作

一扇门。

实验方法

（1）站在门口，伸出手臂用力按住大门。

（2）大约30秒后，放下手臂，并且让全身放松。

（3）你会发现，如果你无意识地控制手臂，它还会自动举起来。

手臂真的会自己举起来吗？

不信你就试试看！

探寻原理

手臂会举起来，是因为神经系统命令肌肉收缩。当手臂抵在大门上时，大门使手臂无法移动。但在放下手臂后，手臂的肌肉依然处于收缩状态，如果无意识地控制，它就会自动举起来。

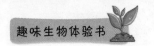

12.抬不起来的身体

难易指数：★★☆☆☆

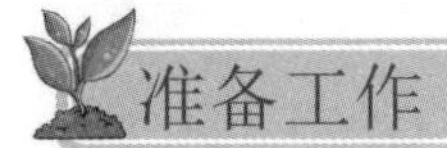

邀请两个朋友一起来做实验。

实验方法

（1）邀请两个朋友跟你一起做这个实验。

（2）你直立站着，双手交叉后各握住一侧肩膀，然后把胳膊肘尽量放平。

（3）让你的两个朋友站在你的两边，托着你的胳膊肘把你抬起来。

（4）你会发现，无论他们使多大的力气，也抬不起你。

当你的胳膊肘前伸时，就偏离了重心的垂线，这就使得要克服体重的阻力所需要的力更大，所以，你的身体如同被施了“定身术”一样，你的朋友无论用多大的力气都抬不动你。如果他们想把你抬起来，必须把你的胳膊肘收回到身体两侧。

13.变长的身体

难易指数：★★☆☆☆

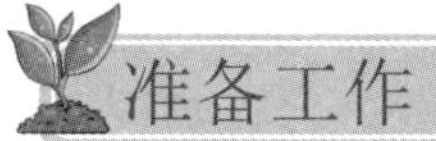

动用你的胳膊和腰。

实验方法

（1）并拢双脚、双腿站直，身体向前倾，然后手自然垂直向下，头也自然向下。

（2）努力用手触摸地板，但是无法够着地板。

（3）慢慢把腰往下压，同时大口大口喘气，随着深呼吸次数的增多，你的手臂离地板的距离也越来越近了。

（4）你会发现，你的身体好像变长了，手臂成功触摸到了地板。

对于身体柔韧性比较好的人来说，想要把手够着地板很容易。但对于身体柔韧性一般的人来说，却很难够着。深呼吸会让身体的肌肉和韧带得到放松，增强身体的柔韧性，所以手臂最终能触摸到地板。

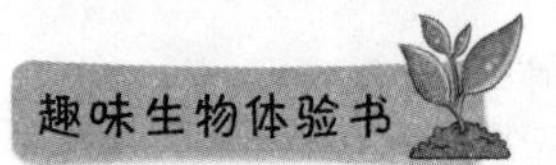

14.站不直的身体

难易指数：★★★☆☆

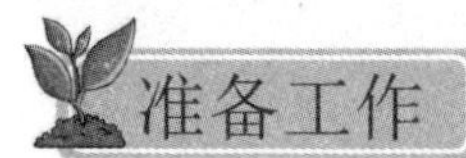

准备工作

一面墙。

实验方法

（1）站在离墙壁四个脚掌的位置。

（2）并拢双脚，双手撑住墙，然后身体尽可能地向墙壁倾斜。

（3）把你的额头轻轻地靠在墙上，双手紧贴着大腿两侧放置。

（4）保持这个姿势，然后试着站直身体你会发现无论使多大的劲儿，你就是站不直。

探寻原理

你直立时，身体的重心在双脚上，而当你站在离墙壁四个脚掌的位置时，并且头靠墙壁，双手放在身体两侧，此时重心已经转移到了头和脚之间。此时只有把重心移回到双脚的正上方，你才能站直身体。但由于你的双手和双脚不能动，所以，无论你用多大的力气，也无法站直。

15.无法完成的动作

难易指数：★★☆☆☆

一面墙。

（1）背靠着墙，脚跟、小腿和肩膀都紧贴着墙，身体不要向前倾。

（2）试着向上跳，你会发现你跳不起来。

（3）换一个姿势。让身体右侧靠墙，右腿和右脸贴着墙，直立着腿，不要弯曲。

（4）试着抬起左腿，你会发现左腿抬不起来。

实验中的两个动作中，身体的重心都落在了两脚上，所以，身体无法完成规定的动作。想要完成规定的动作，必须把身体的重心从支撑点移开。但按照实验规则，要完成第一个动作，肯定会跌倒。而第二个动作不把墙搬开是不可能完成的。

16.无法踮起的脚尖

难易指数：★★☆☆☆

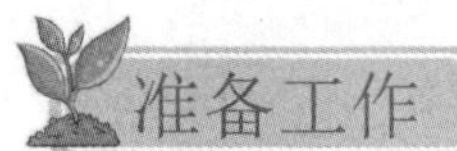

一面墙。

（1）面对墙壁站直，腹部和鼻尖微微与墙壁接触，脚尖紧紧贴着墙壁。

（2）试着踮起你的脚，但是无论如何都做不到。

真的踮不起脚尖呢！

要想踮起脚，身体的重心就必须在脚尖上。

在实验中，身体的重心正好贴在墙上，而身体前面又是墙壁，无法往前移动，所以你根本无法踮起脚。

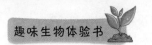

17.女生的力气比男生大

难易指数：★★☆☆☆

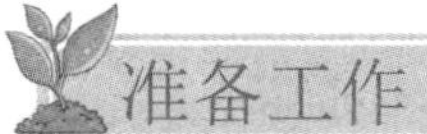

一男一女两位同学，凳子。

（1）靠墙根放两个凳子。

（2）请一男一女两位同学各自用脚量出距墙根4个脚掌的距离，并在这个距离处站好。

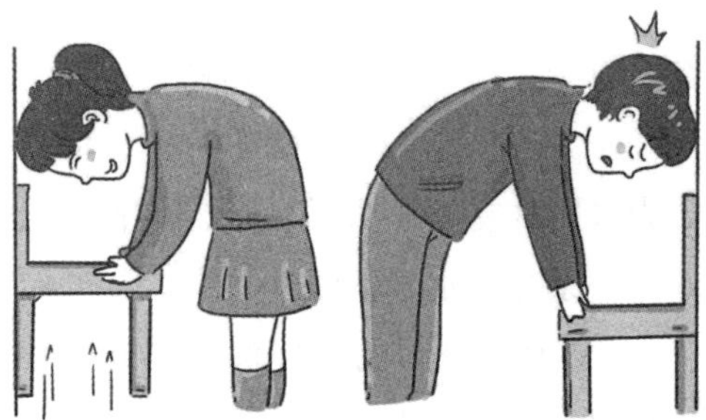

（3）请这两位同学弯下腰，然后头贴着墙，再用力搬起凳子。

（4）结果发现女同学能把凳子搬起来，而男同学却搬不起来。

一般来说，女生的脚比男生的脚小。所以男生距墙根4个脚掌的距离，会比女生远。弯下腰后，男生身体重心也会离支撑点较远；而女生在这种情况下，身体重心离支撑点要近很多。所以，男生虽然力气大，但还是搬不起凳子。

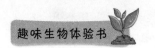

18.变身“大力士”

难易指数：★★☆☆☆

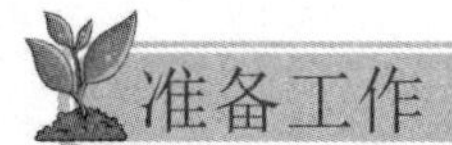

准备工作

一面墙。

实验方法

（1）找几个伙伴一起做这个实验，你站在墙前面，用手撑住墙，站稳。

（2）让伙伴们站在你后面，你身后站一个力气跟你差不多大的伙伴。你们一起笔直地站成一条与墙垂直的线。

（3）让身后的伙伴们用劲儿推你，结果你瞬间变成了大力士，伙伴们都被你顶住了。

探寻原理

在实验中，真正影响你身体平衡的只有你背后那个对你施加的力，因为大家站在一条直线上，除了站在最后的那个人，每个人都会从自己所推的前面那个人的身上获得反作用力来对付背后推自己的那个人，所以每个人都能撑住自己。也就是说，只有你背后的那个人能影响你的身体稳定性。所以，只要你顶住了背后的那个人，后面有再多的人，你也能顶住。

19.捅不破的纸巾

难易指数：★★★☆☆

一个装羽毛球的筒，几张餐巾纸，一根橡皮筋，沙子，一根树枝。

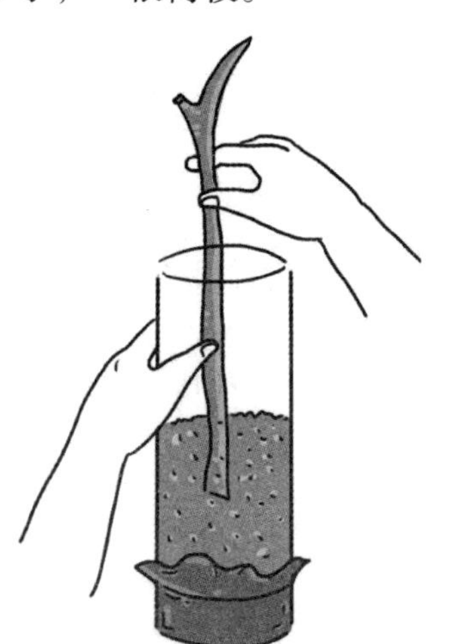

（1）取下羽毛球筒两端的塞子，然后用餐巾纸包住圆筒的一头，再用橡皮筋把纸固定在圆筒上。

（2）往圆筒里倒入8～9厘米的沙子。

（3）左手拿着圆筒，右手拿着树枝，用力把树枝插入沙子中，但不碰到纸，你会发现无论你怎么使劲，餐巾纸都不会破。

因为沙粒之间有很多空隙，使劲用树枝捅沙子会增强沙粒之间的碰撞，这会导致力转移方向，散开至圆筒的各个部位，而餐巾纸受到的只是一小部分力而已。所以，尽管你用了很大的力，只要树枝不碰到餐巾纸，餐巾纸就不会破。

20.站不起来的原因

难易指数：★★☆☆☆

一张椅子。

（1）以上半身与椅子保持垂直的状态坐在椅子上，并且双脚垂直着地，保持静止，双手平放在胸部。

（2）保持姿势坐好，然后在身体和脚不做任何移动的情况下试着站起来，却发现无论如何也站不起来。

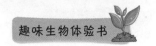

坐在椅子上的你重心是在肚脐以上约20厘米的脊椎附近。从椅子上站起来，要使重心偏离，如果你不移身体是不可能办到的。坐在椅子上时，身体的重心在脊椎的下方，如果想保持上身直立而从椅子上站起来，就必须把身体的重心移到小腿以上。你要想从椅子上站起来，必须克服体重的巨大作用力才能站起来，在重心没有前移的情况下，你的大腿肌肉没有这么大的力量做到这一点。所以，你就像被粘在椅子上一样，站不起来。

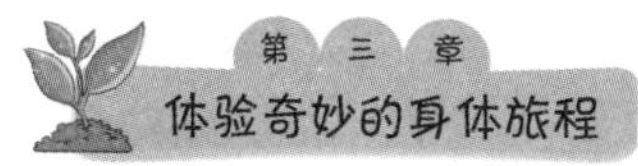

21.只能向后跳

难易指数：★★☆☆☆

准备工作

动用你的肢体做这个实验。

实验方法

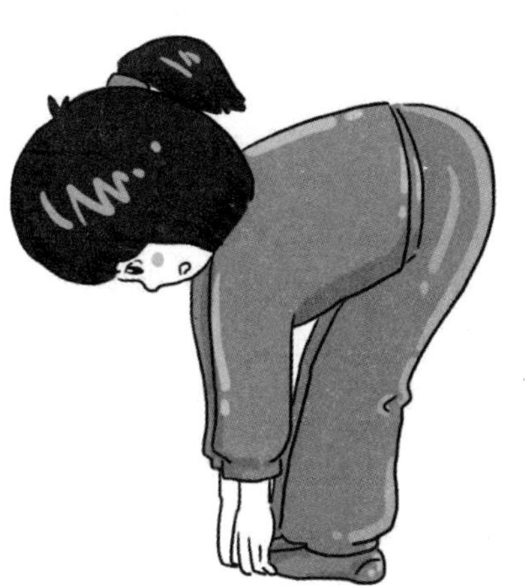

（1）弯下腰，并且用双手抓住你的脚指头，同时保持膝盖略微弯曲。

（2）保持这个姿势，试着向前或者向后跳跃。

（3）你会发现，你能向后跳跃，但却无法向前跳。

探寻原理

手抓脚指头向后跳，先离地的是双脚，人体的支撑部分先移动，重心会使身体仍然维持平衡状态，所以，能完成向后跳。手抓住脚趾向前跳，重心必须比支撑部分先移动，这样一来，要向前跳肯定会摔跟头。

22.膝跳反射

难易指数：★★☆☆☆

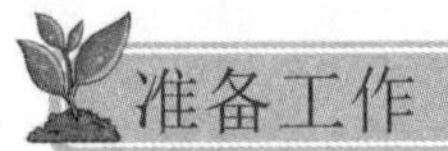

一把橡皮锤，一把椅子。

实验方法

（1）坐在椅子上，把一条腿搭在另一条腿上，自然地跷起二郎腿。

（2）在上面那条腿的膝盖下方的韧带处用橡皮锤轻轻敲击一下。

（3）你会发现，小腿会出现突然弹起来的现象。

这是一种正常的生理反应。用橡皮锤敲击膝盖下方的韧带时，大腿肌的肌腱和肌肉内的感受器接受刺激而产生神经冲动，神经冲动沿着神经传到脊髓里的神经中枢。神经中枢发出的神经冲动再传出，引起大腿上相应的肌肉收缩，使小腿前伸，从而出现小腿突然弹起的现象。这一系列活动就叫作膝跳反射。

23.走不直的原因

难易指数：★★☆☆☆

一块遮眼睛的布条，一根木杆。

（1）找一个空旷、平坦的地方，把木杆插在地上。

（2）用布条把眼睛遮住，然后手扶着木杆，围着木杆转3圈。

（3）转完了圈后，尝试着向一个笔直的目标走去，这时你会发现很难走直。

当你的头部转圈时，内耳中的一种液体会流动，导致耳内的绒毛倒伏，然后这个过程会报告给大脑，于是就促使你做出相反的动作。如果身体转得很快，并突然停下来，由于惯性，你的身体会继续转动。这时即使你站直了身体，大脑的反应仍然像你在旋转时一样，让你无法走成一条直线。

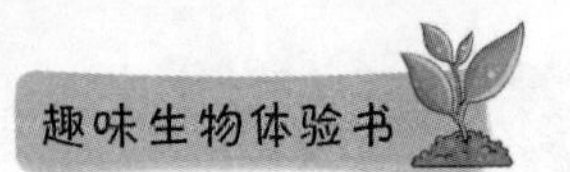

24.瞳孔为什么会有变化

难易指数：★★★☆☆

准备工作

一面镜子，一个手电筒。

实验方法

（1）站在镜子面前，仔细注视着自己的瞳孔。

（2）让伙伴打开手电筒从侧面照你的眼睛，此时你会看到自己的瞳孔迅速地缩小了。

（3）让伙伴帮你把房间里的灯关掉，把窗帘也拉上，使室内只留下一点微光。你会发现，当你再看镜子时，会发现瞳孔又变大了。

探寻原理

人眼对光线是非常敏感的，人的瞳孔在光线充足的地方会缩小，以便阻挡过强的光线来看清楚物体；在黑暗的地方，人的瞳孔又会扩大，因为这样才能吸收足够的光线。

25.为什么会眨眼睛

难易指数：★☆☆☆☆

准备工作

一个秒表，一张纸，一支彩笔。

实验方法

（1）在秒表上定时1分钟。

（2）和你的朋友聊天，并且记录下1分钟内他眨了多少次眼。

（3）再找其他的几个伙伴，重复上述步骤。你会发现，他们每个人1分钟内都会眨眼10次左右。

探寻原理

人的眼睛里有泪液，当我们眨眼的时候，泪液就会迅速地湿润眼球，以防止眼睛太干燥。此外，眨眼还能帮助眼睛清除掉入其中的灰尘与细菌，保持眼睛的清洁。而且眨眼也能让眼睛得到短暂的休息，以防止长期用眼带来的疲劳。但是眨眼的频率并不是越高越好，次数太多了也会有问题。

26.眼睛的盲区

难易指数：★★★☆☆

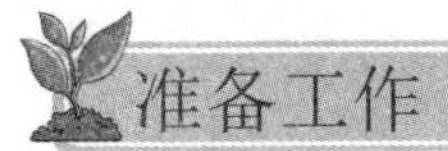

准备工作

一张白纸，一把尺子，一支铅笔。

实验方法

（1）用铅笔在白纸中央写一个大小为6毫米左右的“十”字。

（2）在相距“十”字10厘米处画一个直径为6毫米的圆圈。

（3）拿着白纸放到右眼的正前方约15厘米处。闭上左眼，用右眼注视图中的“十”字，再慢慢把纸移向自己，当移到距右眼10厘米左右时，再把图向后移动。

（4）在一个合适的位置，右眼就看不见左面的圆圈了。

探寻原理

视网膜位于眼球壁的内层，是一层透明的薄膜，上面有许多感光细胞。外界的光线只有落在视网膜上才能成像。移动白纸后看不见纸上的圆圈，说明圆圈在视网膜上的成像正好落在了盲点上。盲点是视神经穿过视网膜的地方，盲点处没有感光细胞，所以，也就无法成像，于是你就看不到白纸上的圆圈了。

27.为什么会“看花眼”

难易指数：★★★☆☆

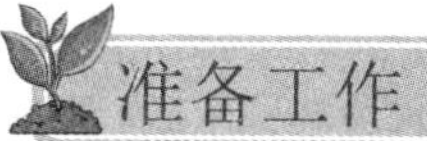

准备工作

一个红色的杯子，一个蓝色的杯子。

实验方法

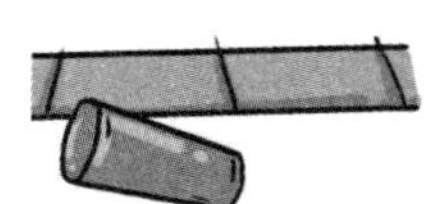

（1）把红杯子举起来对着阳光，你注视它几分钟，然后望向天花板，你会看到天花板上有红杯子的形状，但它的颜色已经变成了蓝绿色。

（2）继续望着天花板，过了一会儿，这个“蓝绿色的杯子”可能就消失了，但只要你眨一下眼睛，就又能看到。

（3）把红色杯子换成蓝色杯子，再重复这个实验，你会发现望向天花板时，看到的是一个红色的杯子。

探寻原理

人的视网膜上有一些锥形细胞，它们专门负责感知颜色。锥形细胞分为专门负责接收红光、专门负责接收绿光、专门负责接收蓝光三种类型。当这三种光按一定的比例进入人眼时，大脑的反应会是白色的；而如果这三种光不按一定的比例进入人眼，大脑就会感知到不同的颜色，于是就产生了“看花眼”的现象。

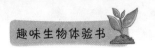

28.眼睛也会有错觉

难易指数：★☆☆☆☆

准备工作

一张白纸，一支笔。

实验方法

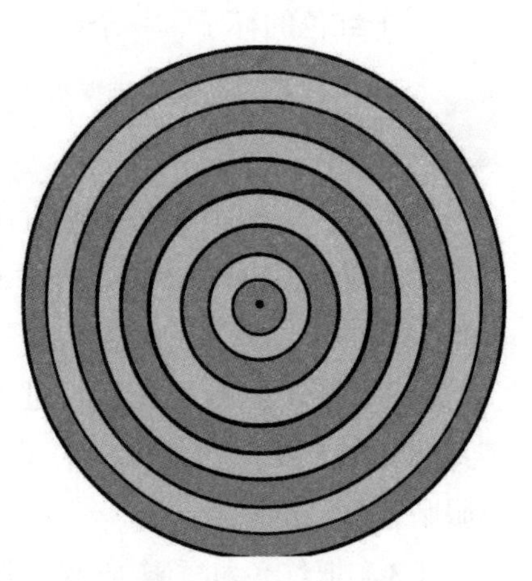

（1）在白纸上画出数个同心圆重叠在一起的图。

（2）用双手捧着这张图。

（3）盯着中央的圆点，快速地晃动这本书。

（4）你会看到，书中的圆会像车轮一般旋转。

探寻原理

当一个图像映在眼中时，影像是不会立刻消失的。如果图像的位置开始移动，脑海中会留有一些先前看到的影像，再加上现在所看到的影像，它们会重叠在一起，使人感觉图像好像在动一样。

29.越近越看不清楚

难易指数：★☆☆☆☆

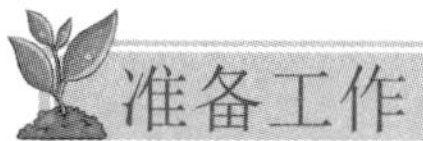

准备工作

一面镜子。

实验方法

（1）背对着窗户，然后举起镜子，通过镜子看窗外远处的景物。

（2）试着移动镜子再看看。

（3）你会发现，不管离镜面有多近，你都无法看清楚窗外的景物。

是镜子不够大才看不清楚吗？

当然不是啦！

探寻原理

物体发出的光折射在镜面上所形成的图像和照片上的是不一样的，因此，人眼与镜面上窗外景物的实际距离为窗外景物到镜面的距离加上人眼与镜面的距离。所以，你距离镜面越近，可能就越会觉得看不清楚。

30.眼睛里的气泡

难易指数：★★★☆☆

一张硬纸板，一根针，毛玻璃灯泡。

（1）用针在硬纸板上扎一个小孔。

（2）点亮毛玻璃灯泡，然后透过小孔看灯泡。

（3）你会发现面前有很多气泡在浮动。

那些气泡是什么东西呢？

那是你眼中的尘埃在虹膜上的影子。

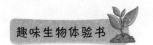

这些气泡重于眼中的液体，所以当你一眨眼时，会觉得气泡向下浮动。虽然眼中的尘埃都非常细小，但它们也会受到重力的作用，因此，当你把头歪向一侧再透过小孔去看灯泡时，你就会看到气泡在你的眼角浮动。

31.用眼睛看照片里的秘密

难易指数：★☆☆☆☆

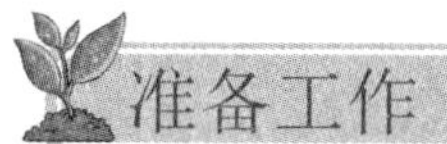

准备工作

一张照片。

实验方法

（1）拿着一张照片放到眼前，用双眼看，你会感觉自己看到的是一个平面。

（2）然后闭上一只眼睛，再看这张照片，你会感觉照片上的图像变成立体的了。

同一张照片为什么会看出不同的效果呢？

我们来问问小朋友们知不知道吧。

探寻原理

实际上左眼和右眼看同一个物体时，看到的是不完全一样的。双眼会把看到的物体的信息传递给大脑，然后大脑会把左眼和右眼看到的物体融合成一个凸起的图像。因此，当双眼同时看一个物体时，看到的是被大脑处理过的图像。如果你想看到和原物一样真实的图像，就应该用一只眼睛看。

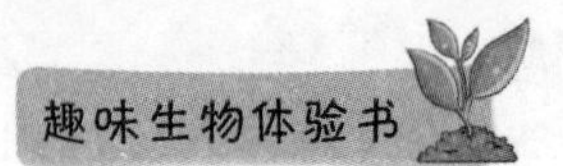

32.最佳视觉距离

难易指数：★★☆☆☆

准备工作

一本书，一把尺子。

实验方法

（1）打开书，然后把书拿起来紧挨着脸，但是不要碰到脸。

（2）慢慢把书往眼睛的正前方移动，直到你能把书上的字看得很清楚为止。

（3）让小伙伴拿直尺量一下书到你眼睛之间的距离，你会发现量出来的结果会是25厘米左右。

探寻原理

视网膜上字的影像会随着你移动书本而做出相应的移动。当你把书本移到一定距离时，字在视网膜上的影像就会变得比较清晰，而这个距离一般是25厘米，不同的人的最佳视觉距离会存在差异，但大部分都是25厘米左右。

33.双面人

难易指数：★★☆☆☆

一面镜子，一个手电筒，一张黑纸，一张白纸。

（1）拉上窗帘，关掉灯，让屋子变暗。

（2）站在镜子前，右手拿手电筒，把它对着右脸，在左脸旁放一张黑纸。打开手电筒，你会看到镜子中自己的左脸是黑色的，右脸是白色的。

（3）以同样的方式，在左脸旁放一张白纸，打开手电筒后，此时的左右脸都是白色的。

黑纸能吸收光，也会反射光，所以在左脸旁放黑纸时，左脸是黑色的，右脸在手电筒光的照射下，是白色的。白纸也能反射光，当光照到白纸上时，它会将光反射到脸上，所以，你的左右脸都会变白。

34.头为什么会更热

难易指数：★☆☆☆☆

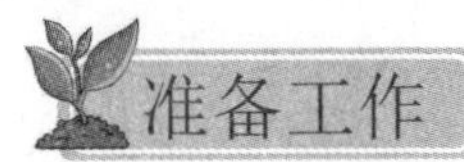

准备工作

一支温度计。

实验方法

（1）在头部用温度计测一下你的温度，并记录度数。

（2）在腿部再用温度计测一下你的温度，并记录度数。

（3）通过对比记录的度数，你会发现，头部的温度要比腿部的高。

探寻原理

人类的大脑要做很多的工作，是非常忙碌的，于是大脑的表面会长出许多“皱纹”来，这些“皱纹”的存在让大脑的表面积增大了许多。大脑工作时会产生较多的热量，大脑的表面积越大，就越有助于脑血管散发热量。

35.看着阳光会打喷嚏

难易指数：★☆☆☆☆

准备工作

动用自己的身体做这个实验。

实验方法

（1）选一个大晴天，让自己留在一个黑暗的房间里一会儿。

（2）然后出门，走到太阳光下面。

（3）当你抬头看阳光时，你很可能会猛然打一个喷嚏。

生活中的确会遇到这样的情况呢！

那你知道这是为什么吗？

探寻原理

阳光照射到的地方，温度都相对房间里高一些。在阳光照射后，空气变暖，暖空气上升，在上升的过程中又会带起大量的尘埃颗粒。当你走到阳光下面，并抬头看阳光时，就可能接触到被空气带起来的尘埃颗粒，于是会猛然地打起喷嚏来。

36.身体流汗的秘密

难易指数：★☆☆☆☆

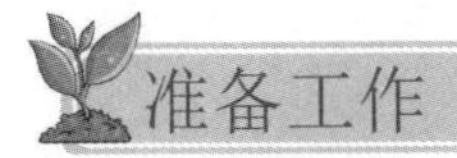

一个塑料袋。

（1）在一个温度比较高的环境中，光着左脚，然后在脚上套一个塑料袋，再把袋口绑紧。

（2）然后把脚伸到阳光充足的地方晒20分钟。

（3）20分钟后，你会看到塑料袋上有很多细小的水珠。

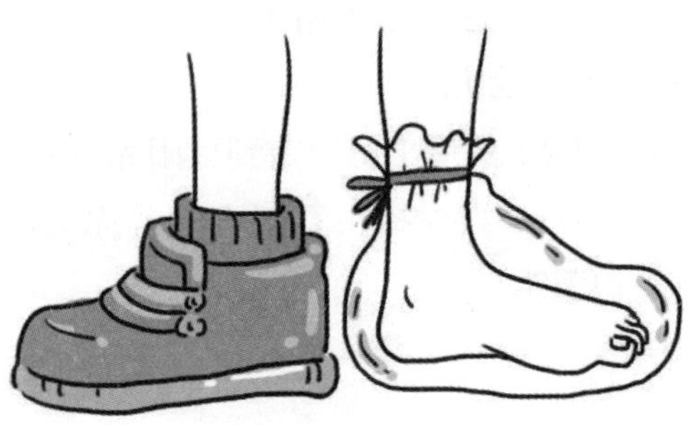

皮肤表面有许多毛孔，在阳光的照射下，裹着塑料袋的脚会从毛孔中分泌出汗珠，但由于温度较高，汗水又会变成水蒸气，塑料袋内的水蒸气遇到比它凉的塑料袋又会液化成水珠，于是塑料袋上就出现了许多细小的水珠。

37.不一样的肤色

难易指数：★☆☆☆☆

创可贴。

（1）把创可贴贴在手指上，接下来的几天让手指能经常晒到太阳。在这期间，如果创可贴脱落或变脏了，换张新的贴在原来的位置上。

（2）过几天，撕掉手上的创可贴。

（3）你会发现，贴过创可贴的皮肤白白的、皱皱的，而其他部位相比起来却是褐色的。

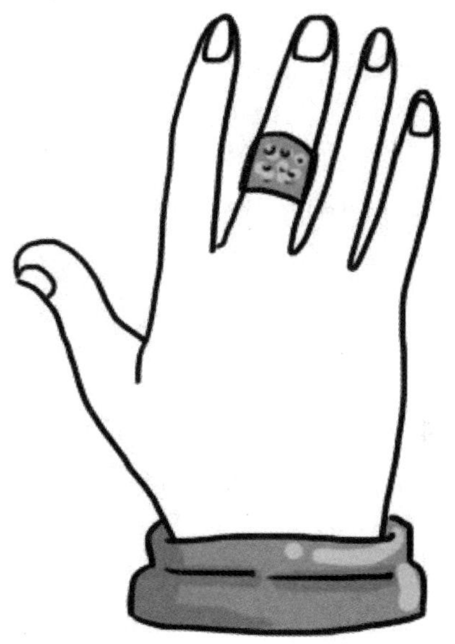

在手指上贴上创可贴，长期下来，手指上的汗液无法正常排出挥发，于是这部分皮肤会长时间被汗浸湿而变白。而裸露的皮肤在太阳的照射下，会产生黑色素，黑色素又会沉淀在皮肤里，因而呈现出浅褐色。

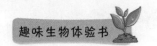

38.呆笨的前臂皮肤

难易指数：★★☆☆☆

准备工作

一把小刀，三支铅笔，一卷胶带。

实验方法

（1）把三支铅笔用小刀削尖，然后用胶带把其中两支铅笔缠在一起。

（2）用铅笔轻轻碰触你伙伴手臂上的皮肤。并且在测试的时候，不能让你的伙伴看到铅笔。

（3）碰触后，问你的伙伴你是用几支铅笔碰触的，你会发现他感觉不出来究竟是用了几支铅笔。

探寻原理

他为什么感觉不出来呢？原来是因为人的皮肤上有感受触碰的神经末梢，即触觉感受器，它们分布在人体皮肤的各个部位，但在不同的部位分布情况是不同的。前臂皮肤和颈部皮肤中的触觉感受器数量较少，缠在一起的几支铅笔碰触前臂皮肤时，几个接触点处在同一个触觉感受器管辖的范围内，人只会感觉到一个触点的刺激。所以他感觉不出来究竟用了几支铅笔。

39.鸡皮疙瘩的秘密

难易指数：★★★☆☆

准备工作

热水，一个杯子。

实验方法

（1）把装有热水的杯子放在桌子上。

（2）伸出一只手，手心朝下离杯口5厘米左右，过一会儿后，手心被水蒸气“熏”得潮乎乎的，并且明显地感受到手心的温度也升高了。

（3）40秒后，把手移开，慢慢地，手不再潮乎乎了，而手心的温度也降下来了。

探寻原理

液态的热水变成了气态的水蒸气，所以手心会变得潮乎乎的。从杯口移开手后，液体的水又会蒸发掉，因而手心不再潮乎乎了，手心的温度也将恢复正常。同理，当你从游泳池里出来的时候，由于身上的水珠要蒸发，而水珠蒸发会吸走身上的热量，所以你会觉得冷，甚至起鸡皮疙瘩。

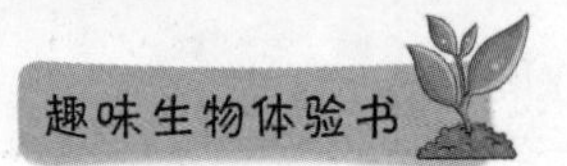

40.怎么所有食物的味道都一样

难易指数：★★☆☆☆

准备工作

一个桃子，一个西瓜，一个苹果，一条手绢，一把水果刀。

实验方法

（1）把桃子、西瓜和苹果用水果刀切成大小差不多的小块。

（2）让小伙伴用手绢蒙住你的眼睛，自己捏住鼻子。

（3）再让小伙伴把小块的桃子、西瓜和苹果放在你的舌头中央。

（4）你会发现你无法分辨出哪块是桃子，哪块是西瓜，哪块是苹果。

探寻原理

舌头上有非常丰富的神经末梢，它们能帮助我们分辨出不同的味道，如酸甜苦辣。我们的大部分味觉是根据食物的气味而来的。如果发生感冒或者鼻塞时，就很难区分出食物的味道了。

41.怎么会有两个鼻子

难易指数：★☆☆☆☆

用你的鼻子和手指做个实验吧！

（1）中指在上，食指在下，两指交叉。

（2）用交叉的手指来回摩擦鼻尖两侧，慢慢地，你就会感觉到自己好像有两个鼻子。

真的是这样的感觉呢！

哈哈！那是你的大脑被“欺骗”了。

手指触摸物体时，会为大脑提供它所触摸到的物体的信息。两指交叉这一动作会改变手指两侧的位置，但手指还会像平常那样向大脑汇报信息，但大脑并未想过，此时两指是交叉的，因而它所发出的信号是“有两个鼻子”。

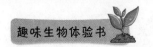

42.嘴巴吹气带来的温度变化

难易指数：★★☆☆☆

准备工作

用你的手和嘴做这个实验。

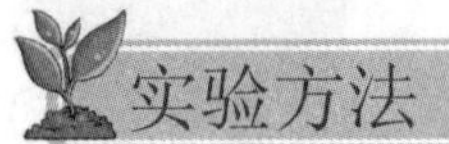

实验方法

（1）举起双手放到嘴巴前面，但是不要碰到嘴巴。

（2）张开嘴巴尽量用力吹气，手会觉得吹出的气是温暖的。

（3）换一个方式，噘起嘴唇再向手吹气，手会觉得凉快。

探寻原理

实际上两种吹气方法，吹出来的气体温度是一样的。但是由于张开嘴吹出来的气移动得很慢，轻轻地将手上那层空气推开了，然后挨近皮肤，而吹出来的气比手面的空气更温暖，所以你的皮肤会觉得温热。但是噘起嘴唇吹气时，空气从比较小的空间通过，移动的速度就加快了。这些快速移动的气体，吹开了你手背上的空气层，自己也迅速地跑掉了，于是旁边较冷的空气会过来填补位置，所以你会觉得比较凉快。

43.互相吸引的纸张

难易指数：★★☆☆☆

两张相同的白纸。

（1）两只手各拿着一张白纸，并且让它们相距10厘米左右。

（2）用嘴对着两张纸中间用力吹气，结果两张纸不但没有相互排斥，反而相互吸引。

在等地铁时，要站在黄线外等候也是这个原因。

高速的地铁运行时会带起其两侧空气快速的流动，所以我们要站在黄线外以免被“吸”进去。

往两张纸中间吹气，会加速两张纸中间空气的流动，使两张纸中间的气压变小，此时张纸外的气压要大于两张纸中间的气压，受纸外大气压的挤压，两张纸相互“吸引”，而不是相互“排斥”。

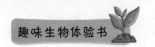

44.嘴吸火柴

难易指数：★☆☆☆☆

一盒火柴。

（1）打开火柴盒，取出几根并排放置在桌子上。

（2）打开火柴盒，用嘴唇夹住火柴盒一端的开口处，然后把它放在一排火柴上。

（3）用力深吸一口气，火柴马上紧紧地吸附在盒套的另一端了。

当你深吸一口气时，火柴盒中的空气就会被你吸走从而变得非常稀薄，于是里面的气压就会变低。但火柴盒外面的气压却是正常大气压，大气压压向火柴盒内的低气压，于是桌子上那一排火柴就会自动吸附在火柴盒的另一端。

45.冰块粘住嘴唇

难易指数：★☆☆☆☆

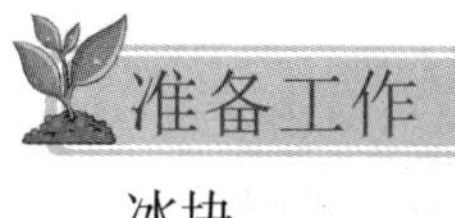

准备工作

冰块。

实验方法

（1）拿一块冰块儿，然后用嘴唇紧紧地夹住。

（2）很快，你会发现，冰块儿已经和嘴唇粘在一起了，这是为什么呢？

原来是这样啊！

夏天吃刚从冰箱里拿出来的冰棍，粘住嘴唇也是这个道理。

探寻原理

其实把舌头或指尖儿贴近冰块儿时也常常会发生这样的事。因为舌头或嘴唇上有水汽，水汽碰到低温的冰块儿马上凝结，于是就跟冰块儿粘在了一起。这时候不要用蛮力扯开，只要稍等一会儿，那层薄薄的冰就会融化，就可以把冰块儿取下来了。

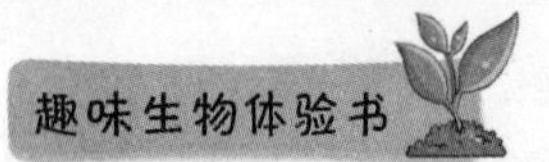

46.举重时无法唱歌

难易指数：★★☆☆☆

准备工作

一副杠铃。

实验方法

（1）站直身体，用手慢慢举起一副杠铃来。

（2）试着去唱歌。

（3）你会发现，自己竟然唱不出歌来了。

是因为没有力气唱歌了吗？

原因可不是你说的这样呢！

探寻原理

举着重物时，胸部和腹部的肌肉就会被拉紧，在不知不觉中，你就会屏住呼吸，腹部的压力也会增大。在人体的发音器官中，有一个部位叫作会厌软骨，它能让气管通畅或闭塞。随着腹部压力的增大，会厌软骨会阻塞气管，使气流无法流动，于是最后你就唱不出歌了。

47.让你惊讶的唾液

难易指数：★☆☆☆☆

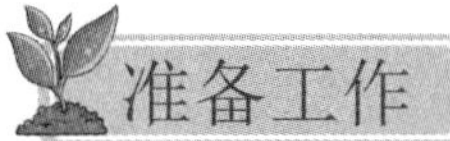

准备工作

一块原味的面包。

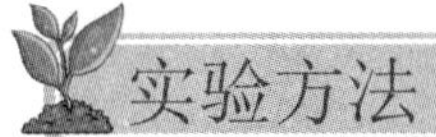

实验方法

（1）咬一口原味的面包，嚼几下，你会发现它有一点咸。

（2）然后再细细咀嚼一段时间，你会发现，这时的面包带有点儿甜味。

细细嚼大米饭会不会也能尝到甜味呢？

大米饭的主要成分也是淀粉，所以细嚼大米饭后也会尝到甜味。

探寻原理

人的唾液中就含有淀粉酶，它是由蛋白质构成的，它能够催化、分解淀粉，把面包中的淀粉变成麦芽糖。而面包中含有大量淀粉，所以细细嚼一段时间后，面包会有甜味。

48.哪里发出的声音

难易指数：★★☆☆☆

准备工作

一位朋友，一块长布条，一把椅子。

实验方法

（1）用长布条蒙住朋友的眼睛，再把她带到椅子上坐下。

（2）在她的头上、前后左右各个方位拍手，并请她说出声音发出的方位。记住，你的手和她的耳朵之间的距离要保持不变。

（3）接下来改变发出声音的位置，然后多试验几次。

（4）你会发现她有时说对，有时说错。

探寻原理

在她耳朵的正前方发出声音，她能清晰地辨别出声音来源。而在距离两只耳朵相同距离的地方发出声音时，声音会以同样的速度到达两只耳朵，所以她就很难辨别出声音是从哪个位置发出来的。

49.骨骼传声

难易指数：★★★☆☆

准备工作

两个棉花球，一张桌子，一把橡皮锤，一个收音机，一个音叉。

实验方法

（1）实验中，一直用两个棉花球塞住耳朵，先用手指甲轻轻刮触桌子，发现基本上是听不见刮划声的。

（2）把手洗干净，用指甲轻轻刮触自己的牙齿，你会听到很响的刮触声。

（3）用橡皮锤轻轻敲击音叉，但音叉的振动声很轻，你的耳朵也听不见。将音叉柄的末端分别抵住你的额骨、头盖骨，再用橡皮锤敲击音叉，你就能听到声音了。

（4）再用手捂住耳朵。请小伙伴把正在播放的收音机的耳机紧贴在你头部的骨骼或脊椎骨上，比较这时听到的声音与通过耳朵听到的有什么不同。

探寻原理

平时我们耳朵听到的声音，是振动通过耳蜗传到听觉神经，然后被大脑感知的。其实，我们的骨骼是与听觉神经相通的。实验中，手指甲与牙齿刮触产生的声音，就是从牙齿经由颌骨传给听觉神经的。

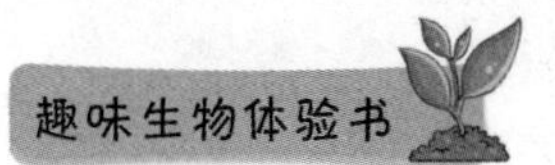

50.声调的变化

难易指数：★★☆☆☆

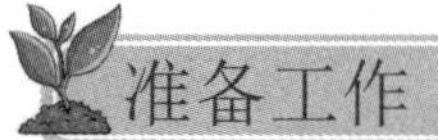

准备工作

长、短橡皮筋各一条，一块20厘米长的木板，一把铁锤，两根铁钉，一支铅笔，一把尺子。

实验方法

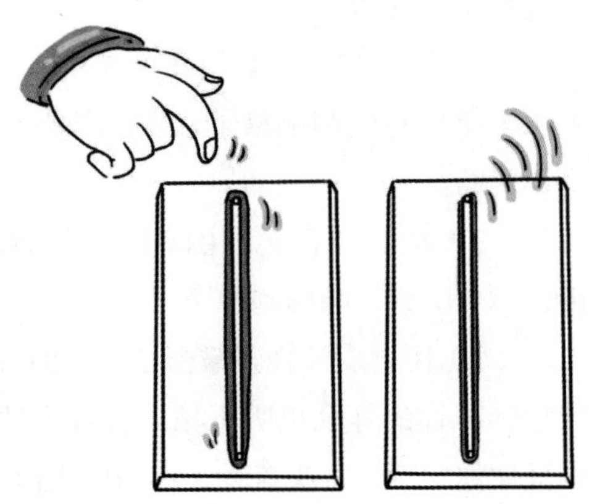

（1）请爸爸用铁锤把两根铁钉钉在木板上，并且让铁钉之间的距离为15厘米。

（2）在两根铁钉上套上短的橡皮筋，再用铅笔拨动橡皮筋。

（3）再把短的橡皮筋换成长的橡皮筋，再用铅笔拨动试试。你会发现，拨动短的橡皮筋时，发出的声音音调更高。

探寻原理

短的橡皮筋套在铁钉上会被拉得更紧，而拉紧的橡皮筋振动更快，所以发出的声调更高。声带发声也是这个原理。声带是位于喉部的两瓣左右对称的膜状解剖结构，声带是以振动来发声的。当声带松弛时，声带的振动很慢，发出的声音比较低沉；当声带拉紧时，发出的声音就比较高亢。

第四章
探寻微生物的秘密

1.冰箱里有细菌吗

难易指数：★★★☆☆

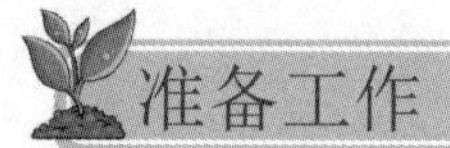

准备工作

一台冰箱，一盒牛奶，一个量杯，两个有盖子的玻璃杯。

实验方法

（1）在两个玻璃杯里都倒进一量杯牛奶，然后用盖子盖上。

（2）把其中一个盛有牛奶的玻璃杯放进冰箱的冷藏室中，另一个放在暖和的地方。

（3）连续7天，每天观察杯中牛奶的情况。

（4）7天后，你会发现，放在暖和地方的牛奶会出现白色的奶块，还会发出酸臭味。而放在冰箱里的牛奶，跟原来没什么两样。

探寻原理

细菌在温度较高的地方繁殖较快，因此食物很容易变质。而在温度较低的地方，细菌的繁殖速度较慢。寒冷的地方也有细菌，如果食物长期放在冰箱里，最终也是会腐败的。虽然寒冷的地方细菌繁殖较慢，但时间长了，它也能大量繁殖，所以食物不能长期放在冰箱里。

2.抑制细菌生长的生活用品

难易指数：★★★☆☆

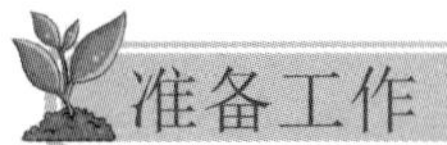

四个碗，四个杯子，土豆，醋，洗手液，洗洁精，保鲜膜。

实验方法

（1）将土豆洗干净，去皮后切成大约0.5厘米厚的薄片，再放到锅里煮熟。

（2）分别取大约半汤匙的醋、洗洁精、洗手液各放进一个杯子，并加入适量水稀释搅拌。在第四个杯子中加入等量的清水。

（3）将煮熟的土豆片放入碗中，冷却至室温，然后把四个杯子中的液体分别倒入四个碗中，浸泡10分钟后倒掉浸泡液，用保鲜膜封住碗口。一天后，观察土豆片上细菌的生长情况。

细菌生长需要适宜的环境条件，其中任何一个条件遭到破坏，都会影响它们的正常生长。醋会改变细菌生长环境的酸度，使细菌不易生长。洗手液、洗洁精在生产过程中，已经人为地加入了一些杀菌和抑制细菌生长的物质，也会影响细菌的生长。

3.面包上的霉菌

难易指数：★★★☆☆

一片切片面包，一个透明塑料袋，一支滴管，一些清水。

实验方法

（1）在塑料袋里装入一片切片面包，用吸管吸取一些水，往塑料袋中滴上十几滴，然后将袋口扎紧。

（2）把塑料袋静置在温暖、阴暗的地方3～5天。

（3）几天后，你会发现，面包上长出了蓬松柔软的黑色毛状物质。

面包上长出的黑色毛状物质就是霉菌，它是一种真菌，会在很短的时间内生长并繁殖。霉菌会制造出孢子，这些孢子比灰尘颗粒还小，能浮在空中。实验中，当面包放进塑料袋时，就已经沾上了霉菌的孢子，霉菌喜暖喜湿，所以短短的几天，它们就会在面包上大量繁殖起来。

4.椰子发霉了

难易指数：★★☆☆☆

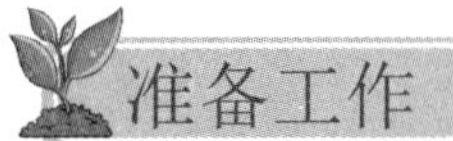

准备工作

一个椰子，一个大塑料袋，一根宽长的布条，一根橡皮筋。

实验方法

（1）切开椰子，并将里面的椰汁倒干净。将椰子切口朝上放置两个小时后再合在一起，并用布条绑住固定起来。

（2）将固定好的椰子放进塑料袋，并用橡皮筋将袋口密封起来。然后移到阴暗温暖的地方静置一个星期。

（3）一星期后，你会发现，椰子的外侧几乎没有变化，内侧却出现了不同颜色的斑点。

探寻原理

椰子内侧出现的不同颜色的斑点实则是霉点，它是由空气中的多种真菌繁殖而成。这些真菌以椰子内壁的椰肉为养料，所以它们能在里面迅速繁殖起来。

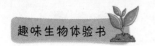

5.袋子里的青霉菌

难易指数：★★★☆☆

准备工作

两个橘子，两个柠檬，两个塑料袋，两团棉球，两根橡皮筋，一个大盘子，一台冰箱，一些清水。

实验方法

（1）将橘子、柠檬和棉球都放在地面上摩擦一下，然后一起放到盘子中静置一天。

（2）将三者每样拿一个放入两个塑料袋中。往两个塑料袋中洒十几滴水，然后用橡皮筋将袋口密封起来。

（3）将一个塑料袋放进冰箱的冷藏室中，另一个放到阴暗暖和的地方，二者都静置两个星期。

（4）每天观察塑料袋里的情形。你会发现，放在冰箱冷藏室里的塑料袋，里面的东西除了变干了一些外，其他没有什么变化；另外一个塑料袋里的东西却长满了蓝绿色的细毛。

探寻原理

实验中长出的蓝绿色细毛是青霉菌，在显微镜下观察，它呈蓝色扫帚状。青霉菌通常生于柑橘类水果上。青霉菌在温暖潮湿的地方繁殖得很快，而在温度较低的地方，它的生长速度则会变慢。

6.喜好不同的真菌

难易指数：★★★★☆

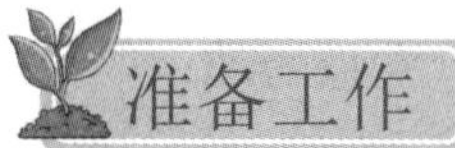

准备工作

一个煮熟的土豆，一些面包渣，几根头发，一些泥土，三个带盖的玻璃瓶，一副橡胶手套，一瓶洗洁精，一把刀，一些黑纸，一些热水。

实验方法

（1）戴上橡胶手套，用热水和洗洁精把三个玻璃瓶洗干净，再盖上玻璃瓶的瓶盖。

（2）把土豆用刀切成几乎大小均等的三块。

（3）把三块土豆切面朝上分别放到三个玻璃瓶中。

（4）把三个玻璃瓶从左至右排列好，并在第一个玻璃瓶中撒一些土，第二个玻璃瓶中撒点面包渣，在第三个玻璃瓶中放几根头发。

（5）盖好瓶盖，并用黑纸把玻璃瓶包起来。

（6）按照玻璃瓶原来放置的顺序，移到一个有阳光的地方。

（7）一个星期之后，将玻璃瓶外面包裹的黑纸撕掉，你会发现，三个玻璃瓶中的土豆上面都长满了真菌。这三个瓶中的真菌会有什么不同呢？

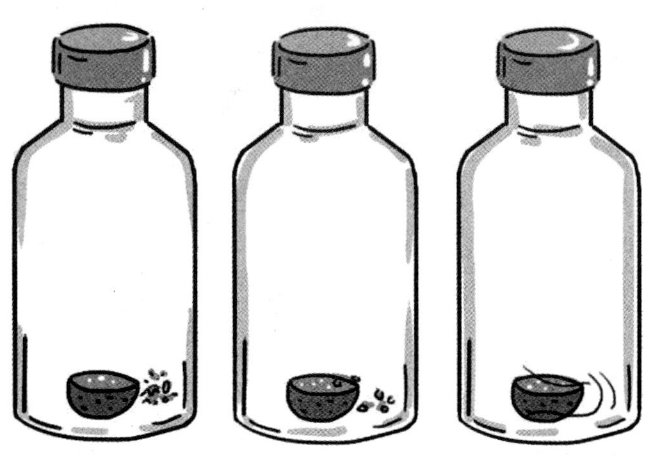

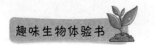

探寻原理

真菌无处不在，种类也很多。而且各种真菌的喜好也各不相同。比如第一个玻璃瓶里的真菌喜欢以淀粉为食；第二个玻璃瓶里的真菌既喜欢吃淀粉，也喜欢吃糖；第三个玻璃瓶里的真菌则喜欢吃淀粉和蛋白质。

真菌是异养生物，它既不含叶绿体，也没有质体。它们从动物、植物的活体、死体和它们的排泄物，以及断枝、落叶和土壤腐殖质中，吸收和分解其中的有机物，作为自己的营养。真菌的异养方式有寄生和腐生两种。

7.看不见的微生物

难易指数：★★★★★

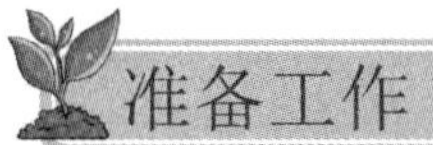

准备工作

三个带盖的玻璃瓶，一口锅，一把钳子，一条干毛巾，一些沙土，一把小勺，一些盐，一些泡打粉，酵母菌粉末，三张标签纸，一支笔，一个玻璃杯，一个盆，一些糖，一些温水，一些冷水。

实验方法

（1）把三个玻璃瓶放到沸水中煮2分钟消毒，煮完后用钳子取出，放到干毛巾上晾干。

（2）往玻璃瓶里都装入1/3瓶容积的沙土。再分别往三个玻璃瓶中加入两勺盐、两勺泡打粉、两勺酵母菌粉末，盖上瓶子。在瓶子上贴上标签纸，用笔做上记号，最后放到冰箱中冷冻一个晚上。

（3）第二天，在盆中加入半玻璃杯糖和四玻璃杯温水。从冰箱中取出玻璃瓶，将糖水平均加入三个玻璃瓶中，然后盖上盖子。

（4）把玻璃瓶移到阳光充足的地方，仔细观察三个玻璃瓶中的情况。你会发现，放盐的玻璃瓶中没有任何变化；放泡打粉的玻璃瓶中出现了一些浑浊的水；放酵母菌的玻璃瓶中，沙土在不停地翻滚。

探寻原理

加盐的玻璃瓶中没有微生物，所以里面没有发生任何反应；装有泡打粉的玻璃瓶中，泡打粉会与糖发生反应，等到泡打粉消耗完了，反应也就会停止；装有酵母菌的玻璃瓶中，因酵母菌是微生物，会不断地繁殖，并产生大量的气泡，所以玻璃瓶中的沙土就会不停地翻滚。

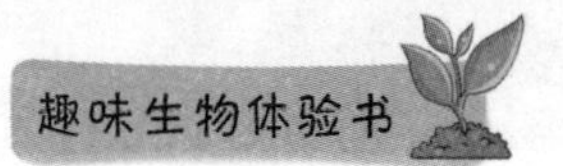

8.酵母菌的作用

难易指数：★★★☆☆

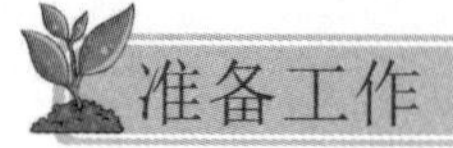

准备工作

一小包发酵粉，一小包砂糖，一个窄口的玻璃瓶，一把汤匙，一根筷子，一个量杯，一个气球，一些温开水。

实验方法

（1）将一汤匙砂糖和全部发酵粉放入量杯中。

（2）往量杯中倒入温开水，同时用筷子将杯中的溶液搅拌均匀，直至量杯装满。

（3）将量杯中的溶液倒入玻璃瓶中，再倒入一些温开水。

（4）挤出气球里的空气，然后套在瓶口上。

（5）把瓶子放到温暖、阴暗的地方静置三四天。每天观察，你会发现瓶子里的液体会不断冒泡，气球也会慢慢鼓起来。

探寻原理

放入杯中的发酵粉含有酵母菌，酵母菌能用含糖的食物来制造出酒精、二氧化碳和能量。实验中，玻璃瓶中冒出的气泡和鼓起来的气球里的气体都是酵母菌制造出来的二氧化碳。

9.发面的原理

难易指数：★★☆☆☆

准备工作

一些面粉，一个碗，一个盆，一包干酵母，保鲜膜。

实验方法

（1）把适量面粉放到盆里，把干酵母倒入碗里，再加入适量35℃左右的温水，溶解酵母成乳液再倒入盆中。

（2）在盆里加入同样的温水将面粉揉成光滑的面团，再用保鲜膜封住碗口，置于常温下使其发酵。

（3）大约2小时后，面团的体积增大了约一倍且面团内出现蜂窝状，这时就可以把面团做成自己喜欢的形状置于锅内蒸熟。

探寻原理

面粉中含有酵母生长所需的营养物质，加入的酵母在适宜的条件下，会呼吸产生大量二氧化碳，使面粉疏松多孔。在这种状态下蒸馒头，大量的二氧化碳在高温下释放出来，所以就使馒头呈现疏松多孔的状态。

10.腐烂的香蕉

难易指数：★★☆☆☆

准备工作

一根香蕉，一把小刀，两个塑料袋，一些发酵粉，两根橡皮筋。

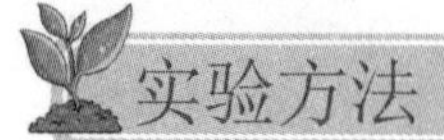

实验方法

（1）剥开香蕉皮，用小刀切下两薄片香蕉。

（2）将一片香蕉薄片放进一个塑料袋中，并用一根橡皮筋扎紧袋口。

（3）在另一片香蕉薄片上撒些发酵粉，然后装进另一个塑料袋中，也用橡皮筋扎紧袋口。

（4）把第一个塑料袋放在左边，第二个塑料袋放到右边，以示区别。

（5）将两个塑料袋静置两周，并且每天都仔细观察两个塑料袋中的情况。你会发现，撒有发酵粉的香蕉薄片会更早发霉并腐烂。

探寻原理

将酵母菌撒在香蕉薄片上，酵母菌就会从香蕉薄片上获取养料，导致香蕉很快地腐烂。真菌像细菌和微生物一样都是分解者，它可以避免生物尸体不断地堆积在地球上，腐烂后被彻底分解的东西还可以被其他的植物或动物利用。在我们浇花种菜的各种肥料中就含有真菌，它们会把肥料分解成能让植物吸收的形态。

11.香蕉“吹”气球

难易指数：★☆☆☆☆

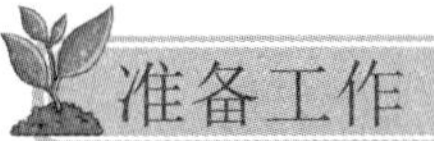

准备工作

一根成熟的香蕉，一个玻璃瓶，一个气球。

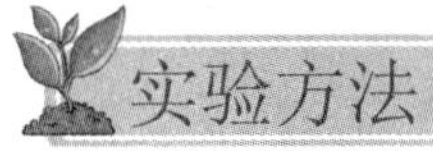

实验方法

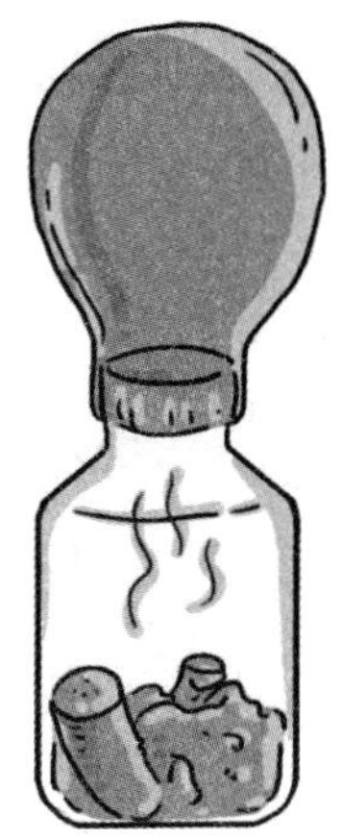

（1）将香蕉去皮、捣烂放入玻璃瓶中。

（2）把气球套在玻璃瓶口。

（3）把玻璃瓶移置于阳光下观察等待。

（4）3小时后观察实验结果，发现气球鼓起来了。

气球真的
被吹起来了！

是啊！你
知道这是为什
么吗？

探寻原理

香蕉富含糖分，是天然的培养基，适合多种微生物生长，实验中，阳光提供了适宜的温度，所以微生物在香蕉里能快速繁殖，释放出大量气体，最后就把气球吹起来了。

12.气泡的力量

难易指数：★★☆☆☆

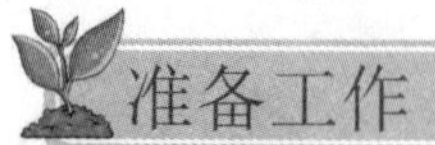

准备工作

一个塑料瓶，温水，一些酵母，一些糖，一把勺子，一个气球。

实验方法

（1）把3勺酵母和两勺糖加入瓶中。

（2）往瓶中加进半瓶温水。

（3）用气球套住瓶口，1分钟后，气球鼓起来了。

探寻原理

酵母是一种微小的真菌，以糖为食。当在塑料瓶中放入酵母和糖并加入温水后，酵母开始“进食”糖，并在这个过程中产生二氧化碳，二氧化碳在水中形成大量气泡，冒出水面后扩散到了瓶外的气球中，于是气球就鼓起来了。

平时我们制作面包的时候，其原理就和上述实验相同。酵母以面粉中的糖分为食并产生二氧化碳，二氧化碳使面团膨胀。在烘烤过程中，二氧化碳又会散逸到空气里，于是在这个过程中，面团上就形成许多小孔。

13.酶的作用

难易指数：★★★☆☆

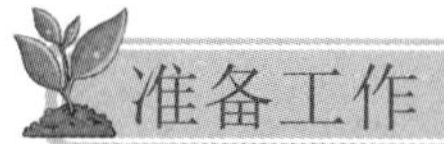

两个玻璃瓶，两个没有剥皮的煮鸡蛋，普通清洁剂，含酶的生物清洁剂，温水，一把勺子，一支钢笔，两个标签。

实验方法

（1）把1勺普通清洁剂放在一个瓶子里，把1勺含酶的生物清洁剂放在另一个瓶子里。

（2）在瓶子上贴上标签以区分两个瓶子。

（3）往两个瓶子里加入适量的水，充分混合直到清洁剂溶解。

（4）两个瓶子里各放一个煮熟的鸡蛋，再把瓶子放到温暖的地方静置几天。

生物清洁剂内含有酶，酶能促使化学反应的发生，或者加速化学反应。生物清洁剂中的酶“咬”了鸡蛋，也是将分子分开，然后使它能溶于水。这和清洁剂去污的原理是一样的。我们的身体在消化食物时也产生酶，并将食物分解成小颗粒，有利于我们身体内的消化系统更好地工作。

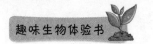

14.唾液的作用

难易指数：★★★☆☆

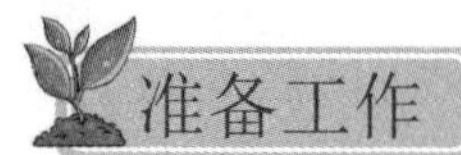

准备工作

碘酒溶液，面粉，冷水、温水和热水，一把勺子，一个杯子，一支试管，一个玻璃瓶，一个眼药水滴嘴，一个盘子。

实验方法

（1）往杯子里加一点冷水和1勺面粉，搅拌均匀后再加满热水。

（2）等混合物冷却后，用勺子舀一勺在盘子上，再往上滴几滴碘酒溶液。

（3）尽可能多地往试管内加唾液，并加入1勺水和面粉的混合物，然后用手堵住试管口，用力摇晃。

（4）加适量温水到玻璃瓶中，把试管放进温水中。

（5）每半小时用眼药水滴嘴从试管中吸出一些溶液，重复上面的步骤——往溶液上滴碘酒溶液。记得每次测试都要先洗净盘子。

探寻原理

唾液中含有一种酶（淀粉酶），这种酶能够将淀粉转化为麦芽糖，这样更易于被身体吸收。你可以试着慢慢咀嚼一块馒头，最开始馒头可能有些咸，接着就会变甜。这种变化是由于淀粉酶在起作用。

15.自制果酒

难易指数：★★★☆☆

准备工作

一根香蕉，一个玻璃杯，保鲜膜，果酒酵母。

实验方法

（1）把香蕉捣烂，再把它装入杯子里，然后放入1/3包的酵母。

（2）用保鲜膜把杯口封住，然后移置于室温下。

（3）过了一天，取出玻璃杯下层的清液，你会闻到它散发着酒香味。

探寻原理

香蕉的营养丰富，它富含糖类和纤维，此外还含有蛋白质、脂肪、维生素和矿物质等，有很好的保健作用。在密闭条件下，酵母菌在香蕉上会进行一系列的生命活动，将香蕉中的有机物分解成酒精，再经过后续加工，果酒就做成了。

参考文献

［1］蓝梓容.史上最益智的365个科学游戏大全集[M].北京：中国妇女出版社，2011.

［2］龚勋.让孩子着迷的365个经典科学游戏[M].北京：光明日报出版社，2014.

［3］学习型中国·读书工程教研中心.小学生最着迷的200个科学游戏[M].哈尔滨：哈尔滨出版社，2011.

［4］王俊江.优秀小学生最爱挑战的科学实验[M].哈尔滨：黑龙江教育出版社，2012.

［5］华予智教.儿童科学游戏宝典[M].北京：化学工业出版社，2010.